中國古代鹽運聚落與建築研究叢書

国家出版基金项目
NATIONAL PUBLICATION FOUNDATION

中国古代盐运聚落与建筑研究丛书

丛书主编　赵逵

两浙盐运古道上的聚落与建筑

赵逵　肖东升　著

四川大学出版社
SICHUAN UNIVERSITY PRESS

图书在版编目（CIP）数据

两浙盐运古道上的聚落与建筑 / 赵逵，肖东升著
. — 成都：四川大学出版社，2023.7
（中国古代盐运聚落与建筑研究丛书 / 赵逵主编）
ISBN 978-7-5690-6267-0

Ⅰ . ①两… Ⅱ . ①赵… ②肖… Ⅲ . ①聚落环境—关系—古建筑—研究—浙江 Ⅳ . ① X21② TU-092.2

中国国家版本馆 CIP 数据核字（2023）第 146429 号

书　　名：两浙盐运古道上的聚落与建筑
　　　　　Liang-Zhe Yanyun Gudao Shang de Juluo yu Jianzhu
著　　者：赵　逵　肖东升
丛 书 名：中国古代盐运聚落与建筑研究丛书
丛书主编：赵　逵

出 版 人：侯宏虹
总 策 划：张宏辉
丛书策划：杨岳峰
选题策划：杨岳峰
责任编辑：梁　明
责任校对：李　耕
装帧设计：墨创文化
责任印制：王　炜

出版发行：四川大学出版社有限责任公司
　　　　　地址：成都市一环路南一段 24 号（610065）
　　　　　电话：（028）85408311（发行部）、85400276（总编室）
　　　　　电子邮箱：scupress@vip.163.com
　　　　　网址：https://press.scu.edu.cn
审 图 号：GS（2023）4563 号
印前制作：成都墨之创文化传播有限公司
印刷装订：四川宏丰印务有限公司

成品尺寸：170 mm×240 mm
印　　张：10.75
字　　数：165 千字

版　　次：2023 年 9 月　第 1 版
印　　次：2023 年 9 月　第 1 次印刷
定　　价：76.00 元

扫码获取数字资源

四川大学出版社
微信公众号

序一

"文化线路"是近些年文化遗产领域的一个热词，中国历史悠久，拥有丝绸之路、茶马古道、大运河等众多举世闻名的文化线路，古盐道也是其中重要一项。盐作为百味之首，具有极其重要的社会价值，在中华民族辉煌的历史进程中发挥过重要作用。在中国古代，盐业经济完全由政府控制，其税收占国家总体税收的十之五六，盐税收入是国家赈灾、水利建设、公共设施修建、军饷和官员俸禄等开支的重要来源，因此现存的盐业文化遗产也非常丰富且价值重大。

正因为盐业十分重要，中国历史上产生了众多的盐业文献，如汉代《盐铁论》、唐代《盐铁转运图》、宋代《盐策》、明代《盐政志》、《清盐法志》、近代《中国盐政史》等。与此同时，外国学者亦对中国盐业历史多有关注，如日本佐伯富著有《中国盐政史研究》、日野勉著有《清国盐政考》等。遗憾的是，既往的盐业研究主要集中在历史、经济、文化、地理等单学科领域，而从地理、经济等多学科视角对盐业聚落、建筑展开综合研究尚属空白。

华中科技大学赵逵教授带领研究团队多次深入各地调研，坚持走访盐业聚落，测绘盐业建筑，历时近二十年。他们详细记录了每个盐区、每条运盐线路的文化遗产现状，绘制了数百张聚落和建筑的精准测绘图纸。他们还运用多学科研究方法，对《清盐法志》所记载的清代九大盐区内盐运聚落与建筑的分布特征、形态类别、结构功能等进行了系统研究，深入挖掘古盐道所蕴含的丰富历史信息和文化价值。这其中，既有纵向的历时性研究，也有横向的对比研究，最终形成了这套"中国古代盐运聚落与建筑研究丛书"。

"中国古代盐运聚落与建筑研究丛书"全面反映了赵逵教授团队近二十年的实地调研成果，并在此基础上进行了理论探讨，开辟了中国盐业文化遗产研究的全新领域，具有很高的学术研究价值和突出的社会效益，对于古盐道沿线相关聚落和建筑文化遗产的保护也有重要的促进作用，值得期待。

（汪悦进：哈佛大学艺术史与建筑史系洛克菲勒亚洲艺术史专席终身教授）

2023 年 9 月 20 日

　　人的生命体离不开盐，人类社会的演进也离不开盐的生产和供给，人类生活要摆脱盐产地的束缚就必须依赖持续稳定的盐运活动。

　　古代盐运道路作为一条条生命之路，既传播着文明与文化，又拓展着权力与税收的边界。中国古盐道自汉代起就被官方严格管控，详细记录，这些官方记录为后世留下了丰富的研究资料。我们团队主要以清代各盐区的盐业史料为依据，沿着古盐道走遍祖国的山山水水，访谈、拍照、记录无数考察资料，整理形成这套充满"盐味"的丛书。

　　古盐道延续数千年，与我国众多的文化线路都有交集，"茶马古道也叫盐茶古道""大运河既是漕运之河，也是盐运之河""丝绸之路上除了丝绸还有盐"，这样的叙述在我们考察古盐道时常能听到。从世界范围看，人类文明的诞生地必定与其附近的某些盐产地保持着持续的联系，或者本身就处在盐产地。某地区吃哪个地方产的盐，并不是由运输距离的远近决定的，而是由持续运输的便利程度决定的。这背后综合了山脉阻隔、河运断续、战争破坏等各方面因素，这便意味着，吃同一种盐的人有更频繁的交通往来、更多的交流机会与更强的文化认同。盐的运输跨越省界、国界、族界，食盐如同文化的显色剂，古代盐区的分界与地域文化的分界往往存在若明若暗的契合关系。因为文化的传播范围同样取决于交通的可达范围，盐的运输通道同时也是文化的传播通道，盐的运销边界也就成为文化的传播边界，从"盐"的视角出发，可以更加方便且直观地观察我国的地域文化分区。

另外，盐的生产和运输与许多城市的兴衰都有密切关系。如上海浦东，早期便是沿海的重要盐场。元代成书的《熬波图》就是以浦东下沙盐场为蓝本，书中绘制的盐场布局图应是浦东最早的历史地图，图中提到的大团、六灶、盐仓等与盐场相关的地名现在依然可寻。此外，天津、济南、扬州等城市都曾是各大盐区最重要的盐运中转地，盐曾是这些城市历史上最重要的商品之一，而像盐城、海盐、自贡这些城市，更是直接因盐而生的。这样的城市还有很多，本丛书都将一一提及。

盐的分布也带给我们一些有趣的地理启示。

海边滩涂是人类晒盐的主要区域，可明清盐场随着滩涂外扩也在持续外移。滩涂外扩是人类治理河流、修筑堤坝等原因造成的，这种外扩的速度非常惊人。如黄河改道不过一百多年，就在东营入海口推出了一座新的城市。我从小生活在东营胜利油田，四十年前那里还是一望无际的盐碱地，只有"磕头机"在默默抽着地底的石油。待到研究《山东盐法志》我才知道，我生活的地方在清代还是汪洋一片，早期的盐场在利津、广饶一带，距海边有上百里地，而东营胜利油田不过是黄河泥沙在海中推出的一座"天然钻井平台"，这个平台如今还在以每年四千多亩新土地的增速继续向海洋扩张。同样的地理变迁也发生在辽河、淮河、长江、西江（珠江）入海口，盐城、下沙盐场（上海浦东）、广州等产盐区如今都远离了海洋，而江河填海区也大多发现了油田，这是个有意思的现象，盐、油伴生的情况也同样发生在内陆盆地。

盐除了存在于海洋，亦存在于所有无法连通海洋的湖泊。中国已知有一千五百多个盐湖，绝大多数分布在西藏、新疆、青海、内蒙古等地人迹罕至的区域，胡焕庸线以东人类早期大规模活动地区的盐湖就只剩下山西运城盐湖一处，为什么会这样？因为所有河流如果流不进大海，就必定会流入盐湖，只有把盐湖连通，把水引入海洋，盐湖才会成为淡水湖（海洋可理解为更大的盐湖）。人类和大型哺乳动物都离不开盐，在人类早期活动区域原本也有很多盐湖，如古书记载四川盆地就有古蜀海，但如今汇入古蜀海的数百条河流都无一例外地汇入长江入海，古蜀海消失了；同样的情景也发生在两湖盆地，原本数百条河流汇入古云梦泽，而如今也都通过长江流入大海，古云梦泽便消失了；关中盆地（过去有盐泽）、南阳盆地等也有类似情况。这些盆地现今都发现蕴藏有丰富的盐业资源和石油资源，推测盆地早期是海洋环境（地质学称"海相盆地"），那么这些盆地的盐湖、盐泽哪里去了？地理学家倾向于认为是百万至千万年前的地质变化使其消失的，可为什么在人类活动区盐湖都通过长江、黄河、淮河等河流入海了，而非人类活动区的盐湖却保存了下来？实际上，在人类数千年的历史记载中，"疏通河流"一直都是国家大事，如对长江巫山、夔门和黄河三门峡，《水经注》《本蜀论》《尚书·禹贡》中都有大量人类在此导江入海的记载，而我们却将其归为了神话故事。从卫星地图看，这些峡口也是连续山脉被硬生生切断的地方，这些神话故事与地理事实如此巧合吗？如果知晓长江疏通前曾因堰塞而使水位抬升，就不难解释巫山、奉节、巴东一带的悬棺之谜、悬空栈道之谜了。有关这个问题，本丛书还会有所论述。

　　盐、油（石油）、气（天然气）大多在盆地底部或江河入海口共生，海盐、池盐的生产自古以日晒法为主，而内陆的井盐却是利用与盐共生的天然气（古称"地皮火"）熬制，卤井与火井的开采及组合利用，充分体现了我国古人高超的科技智慧，这或许也是中国最早的工业萌芽，是前工业时代的重要遗产，值得深度挖掘。

　　本丛书主要依据官方史料，结合实地调研，对照古今地图，首次对我国古代盐道进行大范围的梳理，对古盐道上的盐业聚落与盐业建筑进行集中展示与研究，在学科门类上，涉及历史学、民族学、人类学、生态学、规划学、建筑学以及遗产保护等众多领域；在时间跨度上，从汉代盐铁官营到清末民国盐业经济衰退，长达两千多年。开创性、大范围、跨学科、长时段等特点使得本丛书涉及面很广，由此我们在各书的内容安排上，重在研究盐业聚落与盐业建筑，而于盐史、盐法为略，其旨在为整体的研究提供相关知识背景。据《清史稿》《清盐法志》记载，清代全国分为十一大盐区：长芦、奉天（东三省）、山东、两淮、浙江、福建、广东、四川、云南、河东、陕甘。因东北在清代地位特殊，长期实行"盐不入课，场亦无纪"，而陕甘土盐较多，盐法不备，故这两大盐区由官府管理的盐运活动远不及其他九大盐区发达，我们的调研收获也很有限，所以本丛书即由长芦等九大盐区对应的九册图书构成。关于盐区还要说明的是，盐区是古代官方为方便盐务管理而人为划定的范围，同一盐区更似一种"盐业经济区"，十一大盐区之外的我国其他地区同样存在食盐的产运销活动，只是未被纳入官方管理体制，其"盐业经济区"还未成熟。

十八年前，我以"川盐古道"为研究对象完成博士论文而后出版，在学界首次揭开我国古盐道的神秘面纱，如今，我们将古盐道研究扩及全国，涉及九大盐区，首次将古人的生活史以盐的视角重新展示。食盐运销作为古代大规模且长时段的经济活动，对社会政治、经济、文化产生了深远的影响。古盐道研究是一个巨大的命题，我们的研究只是揭开了这个序幕，希望通过我们的努力，能够加深社会公众对于中国古代盐道丰富文化内涵的认知和对于盐运与文化交流传播关系的重视，促进古盐道上现存传统盐业聚落与建筑文化遗产的保护，从而推动我国线性文化遗产保护与研究事业的进步。

于哈佛

2023 年 8 月 22 日

両浙自古富渔盐之饶，作为中国经济文化中心之一，其海盐产销的历史也悠久而漫长。两浙盐运古道存在时间长、辐射范围广阔、文化影响深远，且对苏、沪、浙、赣、皖等地区聚落及建筑的产生与发展有着重要作用，因其而兴的盐业经济促进了盐运古道上上海新场（下沙场）、杭州西兴、慈溪鸣鹤、绍兴清湖、台州蟠滩等一系列名城古镇的形成，更是造就了一批书院、盐业会馆、庙宇、盐商宅居等典型建筑。可以说，两浙盐运古道是一条极具特色的文化线路。

QIAN
YAN

本书的特色主要体现在以下三个方面。

第一，以《熬波图》为依据，相对客观地反映了两浙产盐聚落与建筑的形态。本书按照盐业生产、运输、销售等环节，将两浙盐运古道上的建筑划分为盐业生产建筑、官署管理建筑和为盐商、灶民服务的生活类建筑。《熬波图》可能是最早的上海地区传统聚落研究资料，它以上海浦东下沙盐场为蓝本，对盐仓、灶舍和池井屋的形态做了生动描绘，为本书的对比研究提供了坚实的文献基础，其关于管理盐业生产的运司署、分司、批验所的描述，为本书分析盐业官署建筑的选址及形态特征提供了依据。

第二，结合古今地图，梳理出了五条极具特色的水运线路。本书根据盐法志、地方志和各种地图资料绘制出了两浙行盐运输图，并进一步梳理出江南运河段、钱塘江河段、黄浦江河段、椒江河段、瓯江河段五条水运线路。这些水运线路途经的盐场、批验所、盘验关、转运节点、埠地，为我们研究两浙盐运古道沿线的聚落与建筑提供了良好的样本。两浙盐运古道不仅造就了沿线城镇的经济繁荣和商业兴盛，还促进了沿线地区的文化交流。

第三，揭示了两浙盐运古道上聚落与盐业的关系。两浙盐运古道沿线聚落的形成受地理环境变迁、人地关系变化、盐作技术升级等诸多因素的影响。因产盐而兴的聚落分布在东部沿海地区，受水系变迁和海涂外扩影响较大，其聚落肌理则受到盐业生产方式的影响，如浦东新区和宁绍平原上的聚落；因运盐而兴的聚落分布于河流交汇处、水运与陆运的转运点及陆运古道节点上，如塘栖古镇、皤滩古镇和清湖镇，其中水陆运输方式的差异也会影响运盐聚落的分布及空间形态。

本书能够出版，首先应该感谢赵逵工作室的全体成员，是大家的共同努力和研究积累，丰富和充实了本书内容。特别要感谢张钰老师，她在团队实地调研过程中给予了全方位的后勤支持，在书稿策划、出版协调过程中付出了大量的精力和心血。对王斯莹同学在后期书稿修订和常沐风同学在地图整理与信息标示方面付出的努力，在此也一并致谢。

两浙盐运古道是一条食盐运销之路，更是一条线性文化遗产，希望本书关于古道沿线聚落与建筑文化的研究能够丰富两浙盐运古道的文化内涵，推动社会各界更加重视对两浙盐运古道的保护与合理开发。

目录

第一章

两浙盐业概述

本书所探讨的清代两浙盐区，据嘉庆《两浙盐法志》记载，包括今浙江全省、江苏四市（镇江、常州、无锡、苏州）、安徽黄山、江西上饶和上海全市。

北宋至道三年（997年）置两浙路，继承了唐末的两浙道，大致包括今天的浙江省全境、江苏省南部的苏州、无锡、常州、镇江四市和上海市。南宋建炎南渡后，两浙路分为两浙西路与两浙东路。元代时，以原两浙路为主体设立江浙行中书省。明初改元制为浙江承宣布政使司，辖11府。清康熙初年改为浙江省。宋后，已无"两浙"实际行政区划，其盐业管理中所称"两浙"基本沿用北宋两浙的地理概念。在传统意义上，两浙地区内以钱塘江为界，钱塘江以西（北）统称为浙西，钱塘江以东（南）统称为浙东（图1-1）。

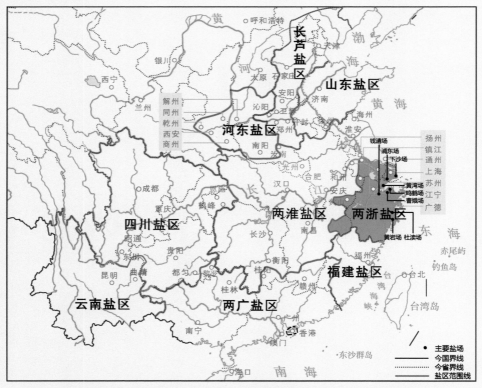

图1-1 清代全国九大盐区范围及两浙盐区主要区域与重要盐场位置示意图①

① 各盐区的范围在不同时期不断有调整，本图是综合清代各盐区盐法志的记载信息绘制的大致示意图。具体研究时，应根据当时的文献记载和实践情况来确定实际范围。

第一节

两浙盐区概况

一、两浙盐区的自然地理条件

两浙地区沿海拥有上海、浙江的全部海岸线，南北纵向十分绵长，在宁波大榭下厂村发现的史前盐业遗址将该地海盐生产的历史追溯到 4000 多年前；盐区内通过众多山川的分隔又将两浙盐区划分为一个个次级盐运分区，可以说两浙盐业的生产和运输与盐区的自然环境息息相关。

（一）山形地貌

两浙盐区以浙江省为主，浙江省境内地势西南高、东北低，山脉多为西南—东北走向，大致可分为相互平行的三组列（图 1-2）。西北组列：此组列内的山脉多分布在钱塘江以西，由安徽与浙江交界的白际山，江西与浙江交界处的怀玉山，浙江省境内的千里岗山、龙门山和天目山组成，西北组列东北为广阔的平原地带。中组列：此组列中的山脉分布于钱塘江以东，山脉大致与钱塘江水系平行，主要由仙霞岭、天台山以及会稽山等组成，向东北延伸。东南组列：此组列靠近东南沿海，自西南向东北依次由洞宫山、雁荡山和括苍山等众多山脉组成，形成浙东南山区。两浙盐场主要分布在东部的太湖平原、杭嘉湖平原、宁绍平原及温台平原等地势平坦的沿海地区，如此可便于开凿河道引海水入滩场（当地称滩晒海水成盐的盐田为滩场）。

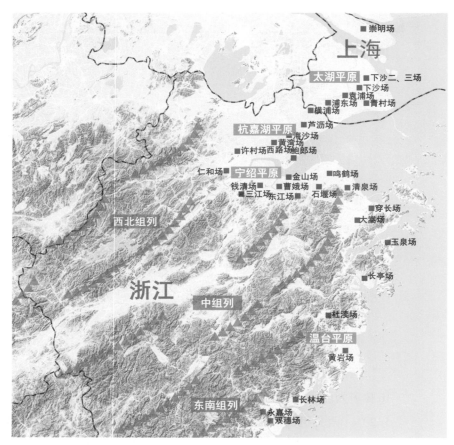

图1-2　清代两浙盐场位置及盐区内山形地貌

（二）水文条件

两浙境内水域发达，河道纵横交错，在河流交汇之处很早就形成了堰坝船闸、码头仓库等建筑。食盐的运输离不开便利的水运交通，在两浙地区与盐业运输相关的河流中，既包括钱塘江、曹娥江、灵江、瓯江等自然水系（图1-3），这些水系是沟通浙东、浙西盐场与府县的主干河流；也包括南北走向沟通浙西杭嘉湖平原的江南运河，东西走向连接宁绍平原的钱塘江、钱清江、曹娥江、余姚江、甬江的浙东运河以及上海的浦

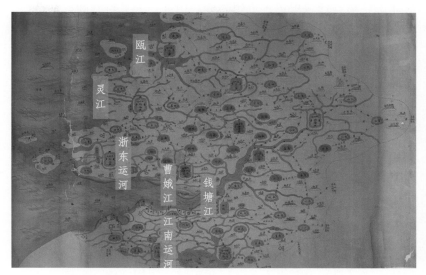

注：底图来自《浙江全图（1773—1841）》。

图 1-3　清代浙江省内主要运盐水系

东运盐河等人工运河。京杭大运河贯通南北，以杭州收尾，其南段正好连接两浙盐区。这些自然河流与人工运河组成的密布水网，使得两浙沿海的诸盐场可更加方便地将食盐运输至内陆销售。

此外，两浙盐区的水域变化对周边盐场的数量、位置以及盐运古道沿线聚落和建筑的兴衰也有着重大影响，如钱塘江—杭州湾两岸的北坍南涨、长江主泓道南摆、东部沿海海岸线东移与海涂外扩等，都对两浙盐业造成了深远的影响。

二、两浙盐区的历史沿革

（一）明代以前的两浙盐业

史籍中关于两浙地区海盐生产的记载可追溯至春秋时期。春秋时期的吴国主要范围是今天的上海市全境、江苏南部、浙江北部。司马迁《史记·货殖列传》曰："夫吴自阖闾、春申、王濞三人招致天下之喜游子弟，东有海盐之饶、章山之铜，三江、五湖之利，亦江东一都会也。"从这可以看出，春秋时期吴国的海盐生产已经十分繁荣了，当时吴国的产盐地就在如今的海盐县。越国建立于春秋时期，位于吴国的南部，其核心统治区域在会稽（绍兴），后于战国初年灭掉吴国。东汉袁康撰的《越绝书·记越地传》载："朱余者，越盐官也，越人谓盐曰余，去县三十五里。""朱"是"君长"或"主者"的意思，越人早就设有盐官，后来这里以职官名地，演绎成为"朱余"地名（图1-4）。

秦王政二十五年（前222年），置海盐县，隶属于会稽郡，因"海滨广斥，盐田相望"而取名海盐（图1-5）。《史记·吴王濞传》记载："（濞）煮海水为盐，以故无赋，国用富饶。"班固《汉书·地理志》："海盐县，故武原乡，有盐官。"《太平御览》卷八六五引晋张勃《吴录地理志》曰："吴王煮海水为盐，今海盐县是也。"这些材料说明浙江海盐县在秦汉时期已是海盐生产重镇并设有专门的盐官。

图1-4 春秋时期吴、越的产盐地

图1-5 秦朝海盐县地域范围

　　唐朝时期随着榷盐法的实施，政府对食盐生产更加重视，盐税收入在国家财政收入中的比重也越来越大。唐代两浙盐区的海盐产地分布于苏、杭、越、明、温、台六州。据《新唐书·食货志》记载，唐代两浙盐场分为转运盐场和生产盐场两类，其中负责转运的盐场分布于涟水、湖州、越州、杭州，这些盐场多设于咽喉要地与商贸中心。负责生产海盐的沿海盐场有嘉兴、海陵、盐城、新亭等十监，一个监又管辖若干分场，虽然史籍仅仅记载了少数的唐代盐场，但从十监的分布情况来看，唐代的生产场主要分布于江南道的苏州嘉兴、杭州盐官、越州会稽、明州鄞县、温州永嘉、台州黄岩和宁海。隋唐京杭大运河的全线开凿，大大刺激了两浙盐业的发展。盐场及盐道周边的聚落也如雨后春笋般出现并成长起来。

　　到了宋元时期，全国经济重心南移，两浙海盐的生产规模进一步扩大，生产技术也有所提高，有关两浙盐的史籍记载也更多。南宋时期，秀州、平江、临安隶属于两浙西路，绍兴、庆元、台州、温州隶属两浙东路，当时盐场即有买纳场和催煎场之别，一般买纳场负责收购盐货，催煎场负责督导制盐。据《玉海》卷一八一记载，秀州有盐场十，平江有盐场四，临安有盐场十；绍兴有盐场四，庆元有盐场六，台州有盐场三，温州有盐场五（具体场名见表1-1）。

表 1-1　宋代两浙盐场（部分）

地区		盐场
浙西路	秀州（嘉兴）	青墩（村）催煎场、下砂催煎场、袁部催煎场、浦东催煎场、芦沥催煎场、沙腰催煎场、鲍郎催煎场、华亭买纳场、海盐买纳场、广陈买纳场
	平江府（苏州）	黄姚催煎场、南跄催煎场、江湾催煎场、江湾买纳场
	临安府（杭州）	上管催煎场、蜀山催煎场、岩门催煎场、西兴催煎场、下管催煎场、南路袁花黄湾新兴催煎场、钱塘（杨村）催煎场、仁和（汤村）买纳场、盐官买纳场、西兴买纳场

（续表）

地区		盐场
浙东路	绍兴府（越州）	曹娥买纳场、石堰买纳场、三江买纳场、钱清买纳场
	庆元府（明州）	昌国买纳场、岱山买纳场、鸣鹤买纳场、玉泉买纳场、清泉买纳场、大嵩买纳场
	台州	黄岩买纳场、杜渎买纳场、长亭买纳场
	瑞安府（温州）	永嘉买纳场、双穗买纳场、长林买纳场、天富南监买纳场、天富北监买纳场

　　宋代吴盐被认为是全国最好的盐，是典型的奢侈品，北宋词人周邦彦写给京城名妓李师师的词便是例证："并刀如水，吴盐胜雪，纤手破新橙。锦幄初温，兽烟不断，相对坐调笙。"①如果不了解宋代盐是奢侈品的历史环境，很难理解这首词的真实意蕴。"并刀"指山西太原一带做的刀，"吴盐"指两浙盐，"新橙"指南方的新鲜橙子，这三样如今极平常的东西，在宋代开封却是极不平常的奢侈品。我国自汉代起就实行"盐铁专卖"，铁乃重器，一直被政府专控，山西"并刀"一类好铁制作的刀具非一般人可以获得，刀面如水的上乘质量，更不是开封寻常人家可以使用；盐的利润巨大，盐税是国家财政主要收入，盐的贩卖一直被政府严格管理，吴盐只能销售于两浙地区，不能越界销售，北宋京城开封府是河东池盐和河北长芦盐销售区，开封能够获得吴盐中雪白精品盐的必是权贵之家，橙子产于南方，在宋代开封府橙子自然也是少见，"新橙"就更难得了。"并刀""新橙""吴盐"，共同营造出北宋开封府的上流生活环境，其字里行间透露着当时的重要社会信息。

---

① （宋）周邦彦《少年游·并刀如水》：并刀如水，吴盐胜雪，纤手破新橙。锦幄初温，兽烟不断，相对坐调笙。　低声问：向谁行宿？城上已三更。马滑霜浓，不如休去，直是少人行。

到了元代，对盐业的管理越来越规范，管理机构日趋完善。朝廷在两浙海盐产地设置盐场并由两浙都转运盐使司管理，其共辖盐场34处，其中浙西11场，浙东23场。前文已经提到，两浙盐区内的盐业生产受自然因素影响，波动较大，钱塘江水系的变迁从宋代开始一直持续到明清时期，同时钱塘江流向的改变也造成了宁绍平原的时坍时涨，非常不稳定。因此靠近钱塘江两侧的鲍郎、盐官、许村、仁和、西兴、三江、曹娥等盐场逐渐衰退，两浙盐业中心逐渐偏移到浙东平原地带。

（二）明清时期的两浙盐业

明嘉靖年间两浙共有盐场35处，并设有都转运使司以及宁绍、嘉兴、松江、温台分司管理这些盐场，归纳起来，明代两浙盐场主要有以下变化。第一，与元代相比，盐场数量有所增加，不仅将元代的盐场全部继承下来，并且合并、新增了数个盐场。第二，随着长江口三角洲海岸的变迁、钱塘江水系的变化和杭州湾的海涂外扩，紧挨这些地方的盐场面积或扩大或缩小甚至消失。仁和、许村二场都在钱塘江口、江海交接之处，滩场盈缩幅度较大。有的又因为海岸线东移，原来的滩场被废弃，转而开辟了新的滩场。

清朝时期，两浙盐业生产有了很大的进步，清政府对于盐业生产的管理也进一步加强。清代两浙盐场沿袭明代，后经多次裁并，至宣统三年（1911年），两浙盐区共有31个盐场（图1-6）。

从以上各个时期两浙盐业发展情况，可以看出自然因素和社会因素影响两浙盐业发展的具体表现。

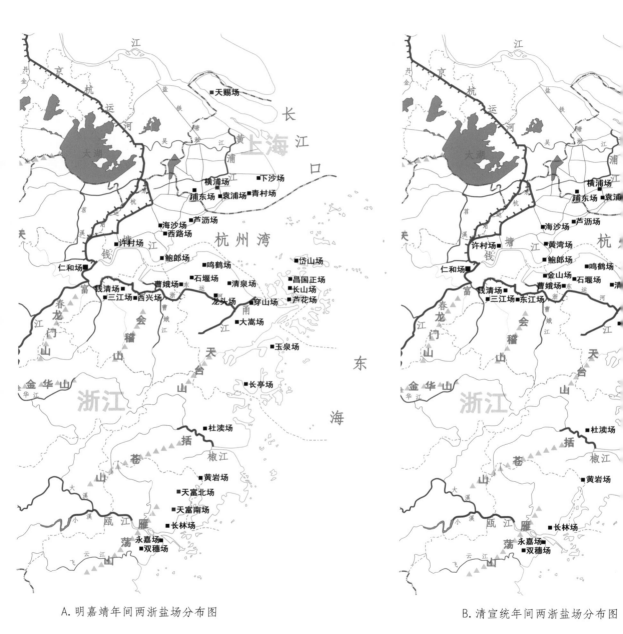

A. 明嘉靖年间两浙盐场分布图　　　　　　　　　　　B. 清宣统年间两浙盐场分布图

图 1-6　明清时期两浙盐场变化对比图

1. 自然因素方面

海水是取得卤水的原料，海盐的生产首先需要将海水引入开辟好的滩场中，在这一过程中，海潮发挥着重要作用。因此，两浙海盐的生产对海潮的依赖性很强。两浙盐场的位置大体是随着海岸线的变化而变化的，元代上海地区的海岸线不断东移，原来建于下沙的下沙盐场（下沙又作下砂，在今上海南汇）逐渐远离大海，盐场和运司署就只好东迁至新场一带。明代松江府由于受海岸线东移、长江主泓道南摆、沙堤壅隔造成海水含盐量降低等因素影响，其境内有的盐场被废弃，有的甚至坍入长江。

2. 社会因素方面

第一，南宋建都临安，推动了当地商品经济的繁荣发展以及外来迁徙人口数量的不断增加，两浙地区对食盐的需求量也变大，所以两浙地区的盐场数量随之增多。第二，元代修凿京杭大运河完成，明清继续疏浚和整治大运河以及相连通的其他运河、天然河流，改善了水运条件，大大便利了两浙食盐的运销。第三，水利设施建设为海盐生产提供了保障。海盐的生产离不开海潮，滩场要靠近大海以便引潮取水，但是当遇到大潮时就会淹没滩场妨碍滩晒，对此，当地多采用修筑海塘和河堤的方式来保护盐场。例如，上海地区自三国时期就开始在沿海构筑海塘，其古代的大型海塘主要有唐开元初年修筑的古捍海塘、北宋建成的里护塘、元大德年间修筑的土塘、明万历年间修筑的钦公塘、明崇祯年间修筑的缺石塘和清乾隆年间修筑的彭公塘，这些海塘的修筑为盐场的稳定生产提供了重要保障（图1-7、图1-8）。

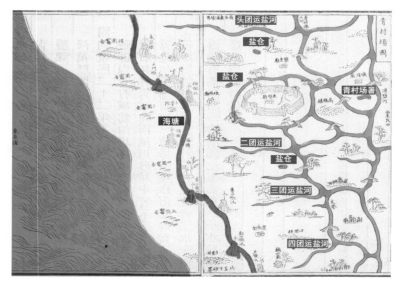

图 1-7　青村场海塘图

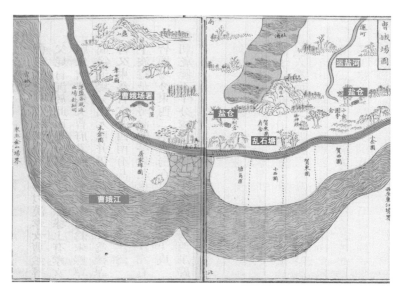

图 1-8　曹娥场海塘图

三、两浙盐业生产技艺

宋代《太平寰宇记》中记载有淮南海陵监"刺土成盐"的制盐法，《嘉泰会稽志》则载有两浙地区会稽亭的煎盐法，南宋《云麓漫钞》也记述了淮浙地方的制盐法，可看出宋朝时期两浙关于海盐的制造技术已经十分成熟。后元代下沙盐场监司陈椿根据前人经验著《熬波图》，通过介绍下沙盐场的制盐过程，对海盐生产技术做出了完整总结。

两浙盐区盐场中的制盐单位是团，团下有两个至三个煮盐的灶座，灶是最基本的生产单位，一个灶下面有一二十个煎盐之家，从而形成了一个"场—团—灶—家"的生产体系。由于自然条件等因素不同，浙东、浙西的制盐方式也有区别，陈椿《熬波图》在"海潮浸灌"一节中写道："浙东把土刮，浙西将灰淋。"简言之，浙东为刮泥淋卤煎盐法，浙西为淋灰取卤煎盐法。

下沙盐场抽取海水，熬海煮盐，即《熬波图》所描述的"淋灰取卤"：首先选择靠近海边平坦的盐碱滩地做灰场，然后在灰场开挖小渠并将海水引入小渠中，用小渠的水灌湿灰场上铺好的草木灰，之后晒灰，当晒的咸灰水达到一定浓度的时候用咸水浇淋进灰淋池，灰淋池的卤水通过竹管导入卤池或者卤井中，最后将卤水倒入铁盘熬成盐块。

下沙盐场东部紧靠大海，海水从东方大海引来，因此需要在灰场周围开挖引潮河道，这些引潮的河道与盐灶相通，河道就成为灶港，一般为东西向的。南宋时期，为了保护下沙、浦东盐场修筑了里护塘，修筑海塘需要在海塘内侧开挖河道取土，这条河道也是南北向的主要运盐河道。这些东西向的引潮河道与南北向的运盐河道共同组成了下沙盐场的水系格局。下沙盐场所产的盐由各灶港装船，经运盐河外运。

浙东地区则采用刮泥淋卤法制盐，《太平寰宇记》记载了当时人工浇灌盐土获得卤水的工序："凡取卤煮盐，以雨晴为度，亭地干爽。先用人牛牵挟，刺刀取土，经宿，铺草藉地，复牵爬车，聚所刺土于草上成溜，大者高二尺，方一丈以上。锹作卤井于溜侧，多以妇人、小丁执芦箕，名之为黄头，舀水灌浇，盖从其轻便。食顷，则卤流入井。"①宋代词人柳永也曾在昌国县（今浙江舟山）担任盐监，写下《鬻海歌》诗，其中"潮退刮泥成岛屿"是对"刮泥"的形象阐释。在舟山的海盐生产中，盐民先在靠海地区选择泥场，等涨潮时将海水引入泥场，然后将泥土进行曝晒，再将泥土表面泛起的咸泥刮出来，经过反复弄碎、曝晒、除潮、除湿，然后存入事先准备好的土墩里。等天放晴将咸泥取出，用海水浇淋、过滤，渗到卤缸中，最后通过煎卤水得到盐块（图1-9）。如象山自唐代起开始用土法煎盐，因象山地处浙江中部，三面环海，滩涂面积广阔，日照时间长，风力资源丰富，具备晒海的优良条件，象山人即改"煮海为盐"为"晒海为盐"，至今在象山沿海的盐场仍可以发现与盐业生产有关的村镇名称，如石浦古镇的"延昌前"即为历史上的"盐仓前"的谐音，高塘岛的"烧盐湾"后来根据谐音改为"孝贤湾"，而"贤庠镇"的"贤"也与盐有关，因古时这里为盐场，本称"咸"，后海岸线北移，盐场遂废，"咸"雅化为"贤"。

---

① （宋）乐史：《太平寰宇记》卷一百三十《淮南道八》。

注：此图来自《熬波图》。

图 1-9 两浙盐业生产

两浙盐业管理

一、两浙食盐运销

早在元代就有徽商在两浙经营盐业，元末明初两浙盐业发展到相当规模。明中期以后，徽州商人已在两浙盐业中占有重要地位，时人汪道昆（1525—1593）所著《太函集》中对此有丰富记载，从中可知嘉靖年间徽州人在两浙贩盐极为普遍，且具有雄厚的经济实力。这种状况一直延续到清朝，其主要原因是徽州属于两浙盐区，从徽州进入两浙盐的主要产区和杭州的两浙盐运司都很方便。明黄汴《天下水陆路程》中涉及徽州府的路程有十五条，其中有四条是由徽州府到杭州或苏州的；清憺漪子《天下路程图引》中则有五条徽州府到两浙其他行盐地方的路程；清吴中孚《商贾便览》中亦有三条类似的路程记载。陈去病《五石脂》记载："徽郡商业，盐、茶、木、质铺四者为大宗……而盐商咸萃于淮、浙。"可见两浙应为徽商从事盐业经营较早和较为集中的区域。正是因为徽商在两浙盐业经营中的成功，才出现明清两浙商籍徽人居多的情况。

明朝时期，两浙盐的运销分票盐和引盐两种方式。票盐由票商持票行盐，除一些边远县份外，两浙盐场所在的县份亦属票盐行销区，共59县。明弘治五年（1492年）的"开中折色"促使趋于分化的两浙盐商正式分为边商、内商和水商。两浙官商不到之处设山商，山商行盐持票不持引，故亦称"票商"。

两浙票盐出现的主要原因是黄岩、杜渎、长亭等盐场所产之盐运销艰难，但是政府的课额不变，导致私盐盛行，于是允许沿海的灶户、军人和平民去黄岩、杜渎、长亭三场贩盐，并在运盐途中的中津桥、海油、石马林、白峤等处设卡收税，贩盐人纳税领票，最终由行销区的地方官收票发卖。此外，同属票盐的还有功绩盐（查获的私盐）和宁波府独有的鱼税票盐，鱼税票盐的纳银额按船只大小收取。

清代为两浙盐商最为鼎盛的时期，也是其由盛而衰的转折时期。清初废除明代的边商，内商因向运司交纳课银而转变为运商，由此清代两浙盐商大致可分为引商、运商、场商。清代两浙食盐的贩售流程为：首先由运商请引，即先向引商买引，然后到控制盐业生产的场商处支盐，最后将所支的盐运至各个销岸，售给水贩，水贩再售与各个商铺。根据清嘉庆《两浙盐法志》记载，票引行盐区多靠近沿海场灶，课税轻，销售范围为浙江的 4 府 22 县，以陆运为主；正引行盐区离盐场较远，课税重，销售范围为浙江、安徽、江西、江苏的 17 府 104 州县，以水运为主（图 1-10）。

两浙行盐地区较广，为加强对食盐运销的管理，清朝设杭州、绍兴、松江、嘉兴、台州、温州六大批验所作为两浙食盐运销的管理机构，批验所内设置大使与副史，监管食盐运销活动。运盐由场到所，再由所到县，凡商盐运输出场赴掣都有固定线路，不可以舍远就近，经过掣验后再运往各地售卖，运输亦不可超越规定时限。

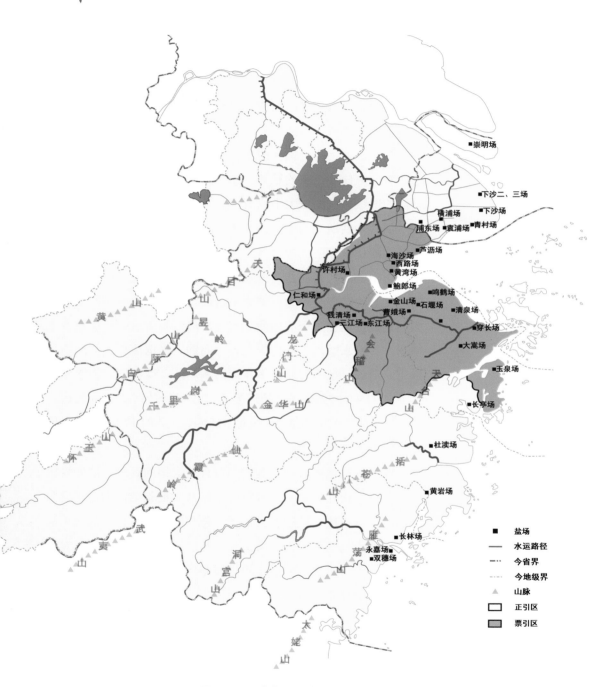

图1-10 清代两浙盐区票引、正引分区图

二、两浙盐法制度

唐宝应元年（762 年），刘晏担任盐铁转运使，对盐业实行民制、官收、商运、商销的就场专卖制，此时已设有盐籍，即盐商受政府扶持，成为合法的专卖商，但必须在政府规定的行销区域内完成一定的销盐数量。

宋庆历八年（1048 年），朝廷全面推行"钞盐法"，即由官府先将盐授给持有钞引的盐商，再由盐商辗转运销，盐钞和盐引都属于宋代盐商转销官盐的法律凭证，北宋中期一律改用现钱购买钞引。杭州为当时两浙盐商聚集之地，宋佚名《都城纪胜·铺席》载，"自五间楼北，至官巷南御街，两行多是上户金银钞引交易铺，仅百余家门列金银及见钱"，足以看出当时杭州盐引交易之普遍。

明代，两浙盐区同其他盐区一样，其盐业由生产与运销环节构成。为了保证政府专卖，明政府在生产与运销环节设置了许多制度。生产环节通过佥编民户、分割荡产、划定盐场等相关政策，以团灶的基本组织形式对灶户进行管理。运销环节则设官掣验，并刊行相应票式作为凭据，以此保证正盐的运输与销售，还建立了严密的缉私制度以保证政府对运销环节的控制。明代两浙盐区以各地销盐数目划分等级，并对缉私数目进行了量化。明代盐法最具有代表性的是"开中制"与"折色制"，对于地处东南、商品经济繁荣的两浙盐区来说，后者影响更大。另外，万历年间实施的"纲运法"则巩固了盐商地位，促进了食盐的运销，清代基本继承明代的盐法制度并稍作修补，对盐业的管理也进一步细化，但在晚清的太平天国运动期间，两浙盐业也遭受了一次重创。

第三节
两浙盐商及其活动

一、两浙盐商

盐商的兴起、发展和没落，与当时的食盐运销体制紧密相关。两浙盐商作为一个特殊的社会群体，从唐代开始便登上历史舞台，在明清时期达到巅峰，其中来自徽州的盐商在明清时期的江南甚至在全国范围的商业贸易中占据了十分重要的地位，因此有"钻天洞庭遍地徽"和"无徽不成镇"的说法。在浙盐运输的过程中，盐商不仅推进了两浙不同地区的经济交流，也促进了各地文化的交融。

唐代实行食盐专卖后，两浙盐商开始起步发展。宋代全国经济重心南移，南宋时杭州成为全国政治、经济、文化中心，两浙盐业和盐商迅速崛起，随之产生一些豪强大户。元代两浙盐业的发展较宋代有所下降，但元末诸雄中张士城自幼运盐，长大贩盐，1353 年率淮北白驹场十八名盐民手持运盐用的扁担起义，并在高邮之战中大败百万元军，成为元末农民起义的转折点。张士城后向南发展建吴国，定都平江（今苏州），占尽浙西富庶之地，史称诸雄中"张士城最富"。与此同时，浙东方国珍世代以贩盐浮海为业，是元末群雄中首举义旗反元的，仅此即可见两浙盐业、盐商对历史的重大影响。

在盐商类型方面，明朝时期两浙地区的盐商主要由边商、内商、水商以及山商和小贩组成。明初开中制下的盐商是边商，开中制便是以边商为主体的单一商业网络结构。弘治五年（1492 年）实行开中折色后两浙盐商正式分为边商、内商和水商，边商向边防输送粮草换取盐引转卖给内商，内商取得盐引后去盐场支盐转售给水商，水商再沿水路贩卖到各地府县，形成了边商—内商—水商的复合商业网络结构（表1-2）。两浙官商不到之处设为山商（票商）。此外，政府还批准部分特殊人群进行挑销。由于各地盐场的多少有别，因此各地的挑销人数也有不同，其主要以贫困孤苦人群为主。万历四十四年（1616年），袁世振提出盐政改革方案"纲运法"，凡纲册上有名的盐商，可以有世代行盐之权，册上无名者不可充当盐商。正是纲盐法对盐商身份的确立和保护，使得两浙盐商进入了垄断盐业的鼎盛时期。

表1-2　明代两浙盐商类型

盐商类型	获利情况	来源人群	主要职能
边商			向边防输送粮草换取盐引售与内商
内商	获利较大	富有商帮	从边商处取得盐引后去盐场支盐转售给水商
水商			沿水路贩卖到各地府县
山商（票商）	获利较小	灶户百姓为主	官商不到之处设山商，只要纳税，便可获得盐票，持有盐票便可在本区行盐
小贩	获利微小	贫困人口为主	名额固定，到各个地区直接挑销

　　在商人构成方面，明代初期两浙盐商群体多为山陕和徽歙商人，明胡世宁在奏议中云，"今山陕富民，多为中盐徙居淮浙，边塞空虚"①。徽州府为两浙行盐地，徽州商人沿新安江至两

① （明）胡世宁：《胡端敏奏议》卷一《陈言时政边备疏》。

浙业盐，人数比山陕人更多。叶淇变法定运司纳银制后，徽州商人因地利之便，得专盐利，成为两浙盐商的主导群体。由于在两浙行盐的徽商为数众多，为保证盐商群体子弟附籍应试，明政府还专门建立了商籍，准许商人子弟附于行商省份。明嘉靖四十年（1561年），两浙纲商蒋恩等为商人子弟科考，呈请巡盐都御史鄢懋卿比照河东运学事例，获得批准。两浙盐商汪文演、吴云凤（均为徽州人）向当时任两浙巡盐御史的叶永盛建言，比照两淮例设两浙商籍。万历二十八年（1600年），叶永盛就此上奏并得到朝廷允许，两浙商籍由此确立。当时取得商籍的人均为业盐者，徽州等地在两浙行盐的外地盐商由此也正式融入当地的社会生活中。两浙盐商（多为徽州籍商人）在两浙捐资助学、兴建书院、培养子弟，成效卓著。据嘉庆《两浙盐法志》记载，明代两浙商籍进士共12人，其中休宁8人、歙县4人，均为徽州人（表1-3）；两浙商籍举人共35人，其中休宁14人、歙县13人，占总数四分之三强。根据明代商籍多为盐商这一事实，可以推断这些学子多为在两浙行盐的徽州盐商后代。

表1-3 明清时期浙省商籍进士人员一览表		
时段	人员（原籍）	徽人占比
隆庆	黄金色（休宁）、汪彦冲（歙县）	100%
万历	程朝京（休宁）、汪有功（歙县）、吴麟瑞（休宁）、汪渐磐（休宁）	100%
天启	吴麟征（休宁）、吴彦芳（歙县）	100%
崇祯	程近信（休宁）、黄澍（休宁）、曹广（歙县）、吴闻礼（休宁）	100%
顺治	刘兆元（仁和）、方跃龙（於潜）、汪继昌（歙县）、项景襄（钱塘）、吴元石（歙县）、刘廷献（仁和）、胡文学（歙县）、徐旭龄（休宁）、吴鑛（钱塘）、吴涵（歙县）、俞牲（余杭）	45.45%

（续表）

时段	人员（原籍）	徽人占比
康熙	汪肇衍（黟县）、程万钟、汪溥勋（歙县）、汪鹤孙（歙县）、黄士埙（休宁）、许翼权（仁和）、潘沐（仁和）、汪兆璂（休宁）、汪煜（钱塘）、戴绂（休宁）、祝翼模（海宁）、吴之锜（仁和）、鲍夔（歙县）、金樟（休宁）、吴连（仁和）、吴焕（钱塘）、祝安国（海宁）、祝诒（海宁）、洪勋、吴筠（歙县）、何景云（仁和）、吴观域（钱塘）、汪泰来（钱塘）、汪发（休宁）、戴淇滋（钱塘）、姚之驷（钱塘）	34.62%
雍正	戴永椿（归安）、周炎（仁和）、汪由敦（休宁）、胡铣（仁和）、裘肇煦（仁和）、汪宏禧（钱塘）、孙灏（钱塘）、汪振甲（钱塘）、陈兆仑（钱塘）、戴章甫（仁和）、倪国连（仁和）、吴嗣爵（钱塘）、吴炜（歙县）、吴华孙（歙县）	21.43%
乾隆	金德瑛(休宁)、胡际泰(仁和)、蔡应彪(仁和)、吴嗣富(钱塘)、金廉(仁和)、王际华（钱塘）、薛芝（仁和）、顾湫（仁和）、吴毅（歙县）、汤萼联（仁和）、吴绶诏（歙县）、叶世度（仁和）、胡梦桧（钱塘）、叶藩（仁和）、柯一腾（仁和）、吴坦（钱塘）、胡廷槐（仁和）、朱家濂（钱塘）、郑鸿撰（钱塘）、柴缉生（仁和）、龚同（仁和）、倪承宽（仁和）、汪永锡（歙县）、金忠济（休宁）、汪新（仁和）、何璠（仁和）、朱芜会（歙县）、戴文灯（休宁）、汪献芝（仁和）、程之章（仁和）、陈开基（钱塘）、陈嵩年（钱塘）、陈嘉谟（钱塘）、陈凤举（钱塘）、徐绍鉴（钱塘）、黄腾达（休宁）、汤萼棠（仁和）、杨嗣会（海宁）、戴璐（休宁）、陈昌图（仁和）、孙志祖（仁和）、范梾（钱塘）、金洁（休宁）、余集（仁和）、王邦治（钱塘）、鲍锟（仁和）、金敬身（仁和）、汪有仁（钱塘）、潘亦隽（歙县）、黄轩（休宁）、吴覃诏（歙县）、沈孙连（钱塘）、王照（歙县）、章煦（钱塘）、景江锦（仁和）、许烺（钱塘）、姚天成（仁和）、诸以谦（仁和）、汪元望（钱塘）、俞牲（仁和）、蔡廷衡（仁和）、吴璥（钱塘）、汤诰（钱塘）、吴一骐（仁和）、江清（仁和）、吴蔚光（休宁）、吴棠（钱塘）、汪世隽（钱塘）、王朝梧（钱塘）、蔡共武（仁和）、程嘉谟（歙县）、孙大椿（仁和）、潘奕藻（歙县）、朱钰（钱塘）、朱承龙（歙县）、朱文翰（歙县）、潘世恩（歙县）、仲瑚（仁和）、潘世璜（歙县）、陈琪（仁和）、韩文绮（仁和）、孙锡（仁和）	25.61%
嘉庆（嘉庆初年至嘉庆六年）	沈学厚（钱塘）、汤金钊（萧山）、王嘉景（歙县）、陆言（钱塘）、鲍桂星（歙县）、黄暹（仁和）、顾镁（仁和）	28.57%

清代是两浙盐商最为鼎盛的时期，清朝时期的两浙盐商主要分为引商、场商、运商和具有管理特权的总商，肩挑小贩在清朝时期仍存在，如清《重修两浙盐法志》记载："各县贫难盐斤向例老小年六十岁以上，十五岁以下，及少壮之有残疾、老年、妇女、孤寡无依者方准赴灶买盐挑卖，亦止许于附近场分地方肩挑背负，易米度日，盐不得过四十斤，人不得过五六名，地不得过十里之外，奸铺不得窝顿，违者以私盐论罪。"[①]（表1-4）。

表 1-4　清代两浙盐商类型

盐商类型	获利情况	来源人群	主要职能
引商	获利较大	富有商帮	以出售盐引为主
场商	获利较大	富有商帮	坐场收盐，直接控制盐业生产，与灶户建立包购关系
运商	获利较大	富有商帮	以官盐运输、销售为主
总商	获利最大	资产最雄厚	替盐运使向盐商征收盐课
肩挑小贩	获利微小	贫困人口为主	到各个地区直接挑销
票商	获利较小	普通商人	持票行盐

清代两浙盐商的地域分布也与明代相似，仍以徽州商人为主。嘉庆《两浙盐法志》之《商籍·人物》主要记录了明清时期对两浙盐业发展做出贡献的人物，共146人，其中，徽籍者94人，仁和、钱塘籍者26人，其余26人未注明籍贯。据嘉庆《两浙盐法志》，明清时期在浙江的著名盐商有35名，其中徽州商人有28名。由此可见，徽州商人在明清两浙盐商中势力较大，是两浙盐商中最重要的群体。

徽商在两浙盐业中的主导地位在清中叶后发生改变，浙籍

① （清）延丰、冯培纂：《重修两浙盐法志》卷九《掣验》。

盐商对徽商构成了威胁，清《重修两浙盐法志》记载，"乾隆四十四年奉上谕，据王亶望等奏请裁浙省商籍学额一折，虽应交部议，但思浙省商籍与长芦、山东不同，该省人文本盛，应试人多，本地之人商籍登进者十居七八，其中人才辈出，颇有用至大僚者，是浙省商籍即仁钱士子进身之一途"[1]，由此而有裁撤浙省商籍学额一议，虽未实行，但是徽商在两浙盐业中的地位下降却是不争的事实，从表1-3中也可看出端倪。

此时浙江籍的商人逐渐脱颖而出，以湖州南浔盐商张家（张颂贤）比较有代表性。

二、两浙盐商活动情况

明清时期两浙地区的盐商以徽商为主，而且集中在歙县和休宁县。明代纲盐法对盐商身份的确立和保护，使得两浙盐商尤其是徽州盐商进入了垄断盐业的鼎盛时期。徽州商人沿新安江而下，经富春江、钱塘江，即可到达杭州，随之通过江南运河，还可到达江苏的苏州、无锡、常州等地；而经青弋江等水路进入长江，顺流而下就可至南京、镇江、扬州，还可再经京杭大运河北上（图1-11）。徽商正是凭借这样的水运交通优势外出经商，积累了巨额财富。在两浙盐区，徽商的活动范围以杭州、徽州以及苏州、松江、宁波、台州、温州等地为中心，向四周辐射。

明清两浙盐商的行盐活动对沿线地区的影响主要表现在以下几个方面。

---

[1] （清）延丰、冯培纂：《重修两浙盐法志》卷二十四《商籍一》。

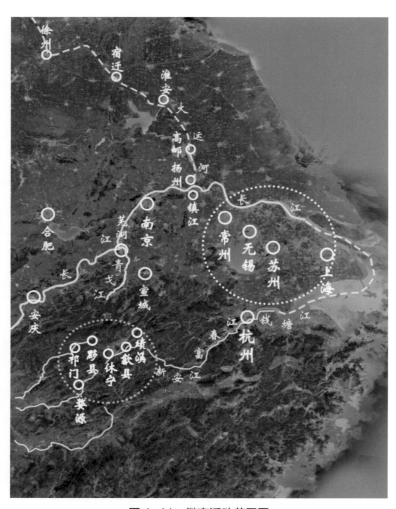

图 1-11　徽商活动范围图

（1）兴建住宅。徽州盐商在致富后不惜斥巨资大兴土木以显赫门庭、光宗耀祖，于是一幢幢装饰豪华、气势恢宏的宅邸在两浙盐运线路沿线落成。其宅居建筑占地面积都很大，而且建筑细部一般有着大量技艺精湛的石雕、砖雕、木雕作品，无一不彰显出盐商家族的雄厚财力（图 1-12）。

（2）修建祠堂、家庙、会馆等。为了能够在激烈的商业竞争中永久立于不败之地，使自己财运亨通，盐商们还修建了各种宫、庙、会馆、祠堂，祈求神灵及祖先的保佑。商帮足迹所往，宫、庙、馆、堂随之出现。

（3）修建公益性建筑，如书院、善堂、基础设施等。徽州盐商在两浙捐资助学，成立多所商籍书院，其中又以杭州崇文书院（图1-13）、正学书院和无锡紫阳书院影响最为深远。在基础设施的修建方面，如嘉庆《两浙盐法志》的《商籍》所载："吴日红，字旭初，号慎斋，休宁人，天性孝友……生平好施与、修途路、造河船，凡三党之贫乏者，莫不周恤。"凡此种种，不绝于书。盐商出资修建这些基础设施，不仅利于自己运盐畅通，又能造福乡里。另外，明清时期的江南地区修建了很多善堂，其中有不少都是盐商捐资修建的。明清时期也是徽州古道发展的鼎盛时期。这些遍布徽州的古道，使得古徽州至池州、安庆、景德镇、浮梁、上饶、杭州、宣城等地畅通无阻，并得以运送茶叶、瓷器、粮食、食盐等商品。在徽州古道的建设上，财力雄厚的徽州盐商也是出力甚多。

图 1-12 上海新场古镇吴氏住宅旧址

图 1-13　杭州崇文书院旧址

第二章

两浙盐运分区与盐运古道线路

两浙盐运分区

根据清嘉庆《两浙盐法志》的记载，两浙盐区可分为票引盐区与正引盐区。正引盐区又可分为杭嘉引盐区、杭绍引盐区、台所引盐区、温所引盐区和松所引盐区五大分区（图2-1），其各分区的产销配运情况见表2-1。

图 2-1　两浙盐运分区

表2-1 清代正引盐区分布表

分区名称	配运盐场	主要水系	销售范围	重要州县（盐引超过万引）
杭嘉引盐区	仁和、许村、西路、黄湾、鲍郎、海沙、芦沥	江南运河	江苏、浙江、安徽	仁和、钱塘、乌程、归安、长兴、吴县、长洲、元和、武进、阳湖、无锡、宜兴、荆溪、丹阳、金坛、溧阳、广德、建平
杭绍引盐区	仁和、许村、钱清、三江、东江、曹娥、金山、十堰、鸣鹤、清泉、龙头、穿长、大嵩、玉泉	钱塘江水系、浙东运河	浙江、安徽、江西	金华、兰溪、西安、龙游、常山、黟县、休宁、歙县
台所引盐区	长亭、黄岩、杜渎	椒江水系	浙江省	无
温所引盐区	长林、双穗、永嘉	瓯江水系	浙江省	无
松所引盐区	横浦、浦东、袁浦、青村、下沙头场、下沙二三场	黄浦江水系	浙江省	无

第二节
两浙盐运古道线路

因为江南地区湖泊、河流及运河纵横交错，所以两浙食盐运输最重要的工具是盐船，河流不通畅的地方则会使用小车、牛车、牲口及脚夫陆运，因为水运远较陆运便宜，两浙海盐多通过河流从沿海向内陆运输。

一、两浙正引海盐运输线路

根据清嘉庆《两浙盐法志》对正引运销线路的记载，其主要可划分为江南运河段（即京杭大运河南段）、钱塘江河段、黄浦江河段、椒江河段、瓯江河段五段（图2-2）。

（一）江南运河段（杭嘉引盐区）

江南运河段主要运销杭州批验所、嘉兴批验所的引盐，盐船从仁和、许村二场提盐后，逆钱塘江而上，从杭州府的艮山水门进入，停泊在太平桥等候杭州批验所检验，检验完后停靠在得胜坝等候开运，经江南运河出北新关行销至各个州县（图2-3）。从西路、黄湾、鲍郎和海沙、芦沥五场提盐的盐船，经运盐河至嘉兴批验所检验，验完后停泊在大奚家桥或者合欢桥、聚奎桥，其后运往各州县（图2-4）。官府在盐运途中各个重要节点处仍然设置重重盘验关，其中运往临安、武康、德清三县的盐船，只需要经杭州关盘验；运往苏州、常州、镇江

图 2-2 两浙盐区盐运线路图

■ 盐场
■ 批验所
● 正引运盐点
● 票引运盐点
▲ 盘验关
—— 分销路径
—— 水运路径
-- 今省界
--- 今地级界
▲ 山脉

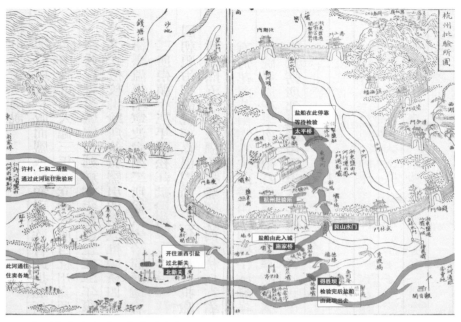

注：底图来自嘉庆《两浙盐法志》。

图 2-3　江南运河段盐船至杭州批验所盘验线路

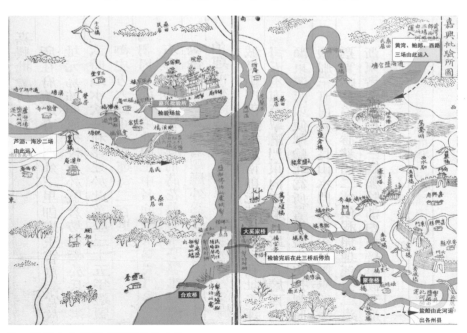

注：底图来自嘉庆《两浙盐法志》。

图 2-4　江南运河段盐船至嘉兴批验所盘验线路

的盐船需先经杭州关盘验，再经苏州关盘验；运往湖州、广德的盐船要先经杭州关盘验，再经湖州关盘验。

自古江南运河便是沿线聚落与外界进行贸易往来的主要交通线路，所以江南运河沿线古镇云集、会馆林立。据嘉庆《两浙盐法志》，两浙盐区销售万引以上的引地共26处，其中有16处沿江南运河分布，可见江南运河在两浙盐运中的重要地位（图2-5）。

图 2-5　江南运河段浙盐行销区域图

（二）钱塘江河段（杭绍引盐区）

钱塘江河段主要运销杭州批验所、绍兴批验所的引盐。从许村、仁和二场提盐的盐船，经钱塘江从杭州府的艮山水门进入，停泊在太平桥等待杭州批验所检验，检验完后停靠在猪圈坝等候开运，之后沿着中河出凤山水门到江干闸口过江坝，再沿着钱塘江一路向西，经富阳关、桐庐关、严州关三关盘验后分销到下级州县（图2-6）。从金山、曹娥、三江、东江等场提盐的盐船沿着钱清江新关河抵达官河或者经过长山闸到绍兴批验所检验，盘验完之后停泊在义桥、新坝等候开运，之后盐船驶入钱塘江，经富阳、桐庐、严州三关盘验后分销到下级各州县（图2-7）。

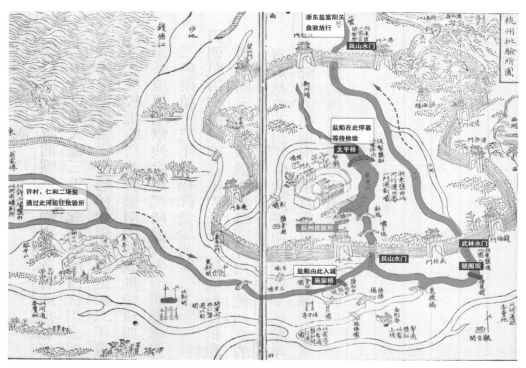

注：底图来自嘉庆《两浙盐法志》。

图2-6 钱塘江河段盐船至杭州批验所盘验线路

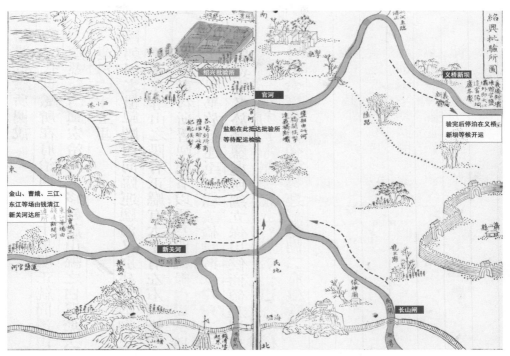

注：底图来自嘉庆《两浙盐法志》。

图 2-7　钱塘江河段盐船至绍兴批验所盘验线路

　　两浙盐除了直接行销到下级各州县外，于交通不便的地方亦采取分销的模式，例如，运往休宁县的引盐分销到婺源县，运往黟县的引盐分销到祁门县，运往歙县的引盐分销到绩溪县，运往常山县的引盐分销到玉山县、广丰县、上饶县、兴安县、铅山县、弋阳县、贵溪县。另外，运往诸暨、浦江、义乌三县的食盐不经富阳、桐庐、严州三关，而是沿着钱塘江支流浦阳江前行到达诸暨关盘验（图 2-8）。

　　钱塘江是浙江最大的水系。其源头在开化，上游的衢江在兰溪与婺江汇合后称兰江，兰江与新安江汇流后称富春江，其下游则称钱塘江。钱塘江及其主要支流都是明清时期两浙盐船运销食盐的主要通道。

图 2-8　钱塘江河段浙盐行销区域图

（三）椒江河段（台所引盐区）

从长亭场、黄岩场、杜渎场三场提盐的盐船，都要先将盐
运至台州批验所进行掣验。长亭场引盐由白峤埠经过海港，进
入椒江，然后抵达台州批验所赴掣，所产的盐专销宁海。如果
有多余的盐则海运到绍兴批验所配销。黄岩场引盐由金清镇抵
达台州批验所赴掣，所产的盐行销黄岩县、太平县。如果有余
盐则由金清镇在汛期时海运到乍浦抵达嘉兴批验所配销。杜渎
场引盐由蔡桥总厂经椒江水路抵达台州批验所赴掣，所产的盐
行销临海、天台、仙居、东阳、永康、武义等县。如有余盐则
海运抵达嘉兴批验所配销。长亭、黄岩二场因距台州批验所相
较杜渎场稍远了些，因此，二场之盐多就近行销当地界域，有

余盐才行销外地。而杜渎场因靠近台州批验所，又得椒江水运之便，行销地域也更广阔。沿着椒江、灵江、永安溪一路向西可运销至皤滩古镇。皤滩古镇地处仙居永安溪中游的五溪汇合处，又靠近苍岭古道，运盐商人在此即可完成水运向陆运的中转，将盐运往更远处的金华府永康、武义、东阳三县（图2-9、图2-10）。

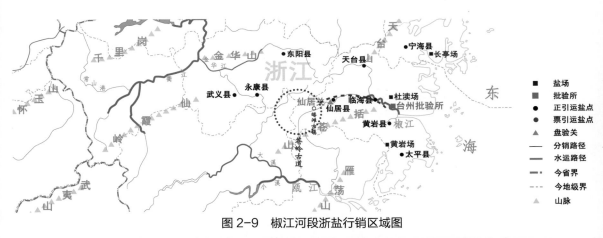

图 2-9　椒江河段浙盐行销区域图

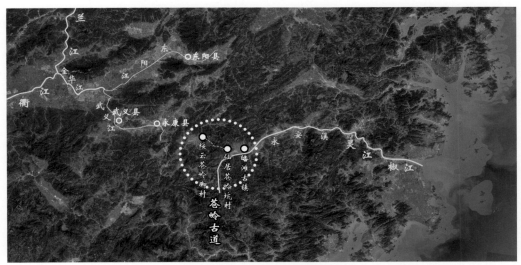

图 2-10　苍岭古道分销路径

（四）瓯江河段（温所引盐区）

从长林、双穗、永嘉三场提盐的盐船，都要先至温州批验所掣验。长林场引盐由瓯江抵达温州批验所赴掣，所产之盐就近行销乐清、永嘉，又经瓯江干流大溪，过青田关，运销至丽水、宣平等县，如有余盐则海运至乍浦，抵达嘉兴批验所配销。永嘉场引盐由内河至龙湾过坝抵达温州批验所赴掣，所产的盐经瓯江干流大溪行销温州、处州两郡。如有余盐则海运至嘉兴、台州批验所配销。双穗场因地处永嘉场南，其盐都经过永嘉场抵达温州批验所。此三场之盐通过瓯江河段运销，范围大致包括今乐清、永嘉、瑞安、平阳、泰顺、青田、缙云、松阳、遂昌、龙泉、庆元等地（图2-11）。

图 2-11　瓯江河段浙盐行销区域图

（五）黄浦江河段（松所引盐区）

从横浦、浦东、袁浦、青村、下沙五场提盐的盐船，先前曾由黄浦江进入东汉港抵所，后因为东汉港水道淤塞，改由西浦口经旧坝河运往松江批验所等待掣验，验完后运销华亭、奉贤、娄县、金山、上海、南汇、青浦、昆山、新阳、常熟、昭文各个地方（图2-12）。

图2-12 黄浦江河段浙盐行销区域图

二、两浙票引海盐运输线路

自明代实施票盐法起，山东、两浙、河东等盐区，凡近场灶的各州县均行盐票，由官府给票凭票行盐。清代随着票盐法的进一步改革，两浙地区除行正引外，还行票引，由本地商人或盐场附近的灶民百姓持票运输食盐。两浙盐区行票引的地区分布在浙江沿海靠近盐场的平原地区，共计4府22州县，水运并行。

行销票引的22州县中，嘉兴府的嘉兴、嘉善、秀水、桐乡4州县由于靠近嘉兴府，即由嘉兴批验所行销，其他18州县或肩销，或商销，或商肩并销，均由商人、灶民自行从盐场配运。票引地区位于杭嘉湖平原和宁绍平原等地势平坦区域，水网密布，以钱塘江为界，按照地理位置可分为浙东票引区和浙西票引区（表2-2）。

引地	具体位置	盐场	行销方式
浙西票引区		仁和场、许村场、鲍郎场、黄湾场、西路场、海沙场、芦沥场	仁和、钱塘肩贩各由银跳观、三围团、范翁等灶舍支盐，向上走由徐家埠观音堂马路口，向下走由乌龙庙进清泰、望江二门，在仁和、钱清交易场所行销
浙东票引区		钱清场、三江场、东江场、曹娥场、金山场、石堰场、鸣鹤场、龙头场、清泉场、穿长场、大嵩场、玉泉场	钱清场引盐由新关河西小港抵达绍兴批验所赴掣。钱清场场境接萧山、山阴二县，肩贩从钱清场团灶支盐，在本境挑销

表中上方标题：表2-2　清代浙东、浙西票引分区

三、两浙盐的陆运线路——以徽州古道为例

两浙地区的盐业运输主要依靠水路，但在河流不通的地方也只能依赖人力或畜力肩挑背驮，徽州地处万山之中，通往外界的运盐线路除了被誉为"黄金水道"的新安江以及阊江、青弋江等水路外，还有沟通徽州府治（歙县）与其辖境属县（黟县、绩溪、休宁、祁门、婺源）以及周边杭州府、宣州府、宁国府、池州府、安庆府、衢州府等地的一条条徽州古道。

两浙盐沿着新安江进入徽州府后，在徽州地区经由以"两纵一横"三条著名的古盐道为代表的线路行销（图2-13）。"两纵"的其中一条即徽泾古道，食盐出徽州府治歙县城向东北方向走，依次经过吴三铺、牌头镇、新管村、临溪镇、雄路村抵达绩溪县城，这条古道是食盐由歙县分销至绩溪县的陆运通道。另一条是徽饶古道，它是食盐由徽州府治分销到休宁县的通道。它从歙县出发，依次经过屯溪、瑶溪、龙湾再转向北，人力挑运至休宁县，运输到休宁县的食盐再一路南行分销到江西婺源。其路面基本是由麻石铺砌而成，徽饶古道是古代徽州和饶州食盐、布匹、粮食等商品交易的必经之道。"一横"便是黟祁古道，它是食盐由黟县县城分销至祁门县城的古代陆运通道。古道以黟县县城为起点，沿途经过月塘、阊山、古筑至西武岭，过了西武岭便抵达祁门县境内。

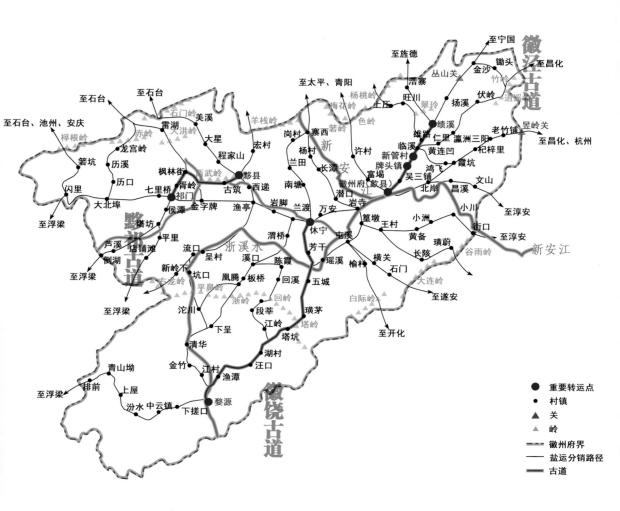

图 2-13 徽州古道"两纵一横"分销路径

　　除了徽州古道，浙江衢州府的信安江（衢江）与江西广信府的上饶江（信江）虽分属于钱塘江、鄱阳湖两大水系，可是两条江水东西略成一条直线；自浙境新安江上游的常山县至赣境上饶江上游的玉山，中间相隔一岭，且路不高险，舍舟从陆之道不足 50 千米，故此道自古为浙赣间的来往要道，这也是明清时期江西诸县的食盐由常山县分销的原因。

第三章

两浙盐运古道上的盐业聚落

第一节
产盐聚落

一、产盐聚落的形成与变迁

（一）产盐聚落的形成

原始时期人们从海边滩涂上的盐泥中获取卤水，再用烧制好的陶器煮盐。制海盐起初只是为了自己食用，并不作为商品，所以当时虽然有了盐的生产，却没有形成产业。这一产盐自食阶段在两浙相当于良渚文化时期。

在浙江宁波大榭史前制盐遗址中，考古学家发现了目前我国最早的史前时期海盐生产遗存，其中，保存较好的史前大榭遗址一期和二期距今约 4000 年，遗址中出土的与盐业生产相关的遗迹主要有盐灶、灰坑、陶片堆以及制盐废弃物堆等。建造在两处土台上的聚落呈现出相互靠拢的格局，总分布面积有4000 多平方米。平面局部保存相对较好，盐灶均位于其上，基本仅存灶底部分。盐灶结构可分为两种，一种为单一型4座，仅有一个灶坑；另一种为复合型23座，灶坑内排列多个灶眼。

海水为古人制盐提供了原料。海水落潮之后，在炙热的阳光照耀下，滩涂上形成了一层薄薄的雪白盐花。古人将它们连同海泥一同刮取下来，经过一系列高温曝晒、捣碎、浸泡、用盐灶熬制等操作，形成结晶盐。随着制盐生产力的提高，盐灶规模增大，单一型盐灶也逐渐转变为复合型盐灶，每个大小灶眼均放陶盆。随着陶器的大量烧制以及盐业生产的不断扩张，人们便可将猎取的食物进行腌制储存，不用担心食物短缺的人们也可在海盐产地定居下来，此时原始聚落开始产生。正是因为有了盐带来的好处，聚落规模得以扩大，几个聚落的小土台逐渐连接成大土台。由此可见，早期人类聚集地与海盐生产活动有着密切的关系。

先秦时期沿海地区煮海为盐的技术已经逐渐成熟，盐由于具有方便携带以及易于保存的特质，成了具有货币职能的理想中介物。古人为了能够换取更多的物品，就需要增加盐的产量，而国家为了增加财政收入，便安排专门的人来煮海为盐，并将多余的盐运输到内地卖钱，这一时期盐业逐渐走向商品化、专业化。

秦汉时，海盐县的地域大于现在，海盐境内的盐场分布北至娄县（如今的江苏昆山），南至钱塘（今杭州），东临大海，西至由拳（今嘉兴）。同样在其他海盐产区，随着沿海人口的增加、海涂的外扩，滩地开发日盛，沿海的城镇也就逐渐发展起来，如秦代山东利津官灶城、汉代淮北盐仓城、江苏盐渎县、天津宝坻县。这一时期，海盐产业已经出现，并已逐渐成为国家的经济支柱产业，迈向了成熟化阶段。

盐场原本作为盐业生产基地，主要人群为灶民和盐官，其内部功能结构相对单一。随着食盐生产规模不断扩大，盐业经济交流频繁，聚落不断扩大，同时吸引了大量的商人、居民来盐场定居，此时盐场由单一的生产聚落转化为集生产、管理、生活多功能于一体的复合型聚落，如浦东的新场古镇、海宁的盐官古镇及宁波鸣鹤古镇和石浦古镇等。

以海宁盐官古镇为例，秦曾于此设海盐县，海宁时在海盐县境内。西汉时，吴王刘濞"煮海于武原乡，设盐官（即司盐之官）"，当地后以此为名，故称"县以盐官为名，盖起于濞"。

历史上盐官的盐业生产非常发达,自秦汉时期发端至唐代中期,具有一定规模的盐场有 4 座。宋代前期盐场数量迅速翻倍,北宋太平兴国四年(979 年),盐官境内有盐场 8 座,年产盐额达 133970 余石(担)。

北宋熙宁五年(1072 年),曾把钱塘江边上的盐场按海水出盐率划分等级,盐业成为朝廷课税的主要来源之一,其时"民之业盐者,十四五"。在海宁沿江区域至今还有旧仓、新仓、老盐仓、大荆场、黄湾等与盐有关的地名,亦可见历史上盐官盐业发展之一斑。直至清代中期,海宁江岸线基本固定,沙涂的坍涨被约束在塘外,盐场由于"海失故道"而消失。此外还有上海的张堰古镇、海涯村、青村镇,浙江的澉浦镇、石浦古镇、大徐镇杉木洋村等都是典型的产盐聚落,它们曾经对两浙地区的经济发展做出了重要贡献。

两浙沿海盐业聚落快速发展,究其原因如下:

(1)自然环境的大体稳定。南宋之前以赭山到龛山为界的南大门一直是钱塘江的主槽,这一时期钱塘江河道摆动幅度较小,附近的场灶得到稳定的发展,随着明代钱塘江水系流向改变和杭州湾淤涨冲刷,海水远去,盐业生产才受到了抑制,盐业聚落的发展相应减缓。

(2)海塘的持续修建和海塘建造技术的成熟。两浙盐区的苏南、浙江、上海沿海相继修筑了古捍海塘、里护塘、大沽塘等海塘,从而保障了盐业生产的发展和盐业聚落的安全。《新唐书·地理志》载,盐官(今浙江海宁)"有捍海塘,堤长百二十四里"。当时修筑土塘用的是"版筑法",就如打泥墙一样,用两面木板夹成模子,中间填土夯实而成。由于沿海土壤多为粉土,质地松散缺乏黏性,所以易被潮水侵蚀。五代和两宋期间海塘筑造技术得到了提高,如钱氏采用"石囤木桩法"（即以竹笼盛巨石，再用木桩固定的办法）修筑杭州捍海塘。海塘建好之后，一方面保护了江边盐田不再受海潮侵袭，保障了盐业生产，从而促进了当时聚落的繁荣；另一方面，由于海塘具有蓄水作用，可使江边农田得到灌溉，由是"钱塘富庶盛于东南"。

（3）汉人南迁。唐代安史之乱使大批北方汉人举家逃往江南，在新的地方定居，两浙沿海一带的平原地区是迁徙人口涌入的重要地区。北方移民因地制宜，将带来的先进生产技术和本土地情相结合，逐渐摸索出与各地物候条件相适应的食盐煎煮办法，这就是《太平寰宇记》中所说的"刺土成盐法"，也称为刮咸淋卤法，大大推动了海盐产盐聚落的发展。

（二）产盐聚落的变迁

1. 长江三角洲海岸线变迁对产盐聚落的影响

产盐聚落靠近沿海地区，因此聚落的发展与分布受海岸线变迁影响较大，长江三角洲海岸线的变化主要集中在三个地段：河口地区（即长江口南岸、北岸）、上海的大部分地区以及杭州湾的北部地区。距今 6000 年前，海侵运动使长江三角洲附近形成了一条贝壳状的沙堤海岸，这条沙堤位于今天上海西部；先秦时期，长江含沙量还较低，出海口宽阔，长江三角洲推进缓慢，随着长江流域的不断开发，长江流域水土流失加快；南北朝时期，海岸线已向东推进了 20 千米；到宋代，海岸线继续东移，今天浦东中部已经形成。此后，长江口海岸线开始向东南方向推进，浦东东部地区成陆。随着长江口外泥沙不断沉积，海岸线亦不断向东推进，盐场的位置也随之不断向东部迁移。从唐代到清代，盐场数量不断增加，其位置追随海岸线向东移动（图 3-1、图 3-2、图 3-3）。

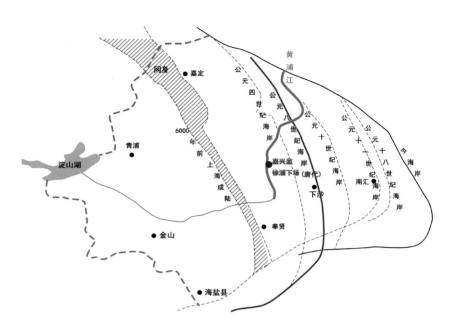

图 3-1　唐代长三角海岸线及盐场位置

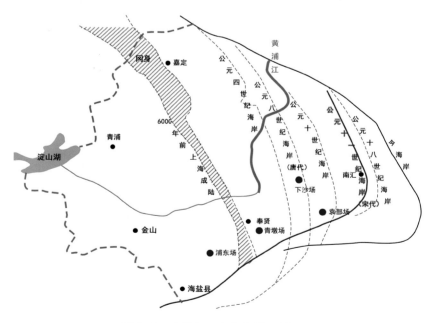

图 3-2　宋代长三角海岸线及盐场位置

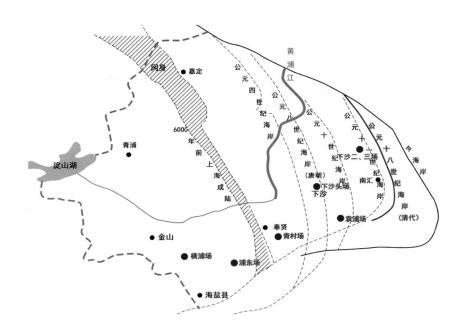

图 3-3 清代长三角海岸线及盐场位置

唐代的徐浦下场到宋以后已经废弃不用，此时的海岸线正好处于浦东下沙镇附近；随着泥沙沉淀、海岸线东移，宋朝时期主要盐场为靠近沿海地区的下沙场、浦东场、青墩场和袁部场；到了元朝中后期，下沙离海岸线越来越远，已经不适合作为盐场和盐场管理机构驻地，于是只得另选靠海更近的地方建立新的盐场，这个地方就是新场，新场就是"新盐场"的意思，盐场的建立导致了新场镇的出现。新场因盐而兴，亦因盐而衰，到了明朝末年，整个上海的煮盐业衰落，新场也开始衰落。到了清嘉庆年间，新场镇的建制从地方志中消失。新场港纵贯新场古镇，又有五灶港、南六灶港从南北流经古镇，古镇建筑依水而建，不少住宅正面临街，背面依水。船是古镇必备的代步、运输工具，古镇沿河分布着许多状似牛鼻的栓盐船的构件。在其盛时，为了保证盐船通行，新场镇还建了九座环龙桥。

再如上海南汇地区刚成陆时，均称"下沙"，今航头镇原是下沙盐场的产盐区。为保护盐场，下沙盐场在沿海地区修筑捍海塘，1998 年出版的《上海水利志》谓："老护塘今已查明，系北宋皇祐四年到至和元年吴及任华亭县令时所筑。"宋皇祐四年（1052 年），华亭县令吴及修筑了捍海塘，也就是后人说的里护塘。里护塘北起现在浦东高东镇珊瑚村的黄家湾，向南经川沙由六团进入南汇，再经奉贤和金山，终点为浙江平湖的乍浦。海塘修筑时工人在其内侧开挖土方筑塘并形成河道，海塘筑成之时河道也随之形成，该河道为南北向运盐河的雏形。到了南宋时期，为解决下沙盐场的运盐问题，在西侧河道雏形的基础上拓宽加深成运盐河。清光绪《南汇县志》记载："运盐河俗称内护塘港，在老护塘内诸灶港之东，向为盐船出入之路。南自奉贤入邑境，循塘而北，至八团入川沙境，再北至九团黄家湾入宝山界，由界浜通黄浦。"而如今明清时期的运盐河已改名成浦东运河，老护塘的大部分则变成了川南奉公路。

随着盐场的不断扩大与居民的增加，盐场内部除了与食盐生产相关的生产区、储盐区、官署管理区，还形成了大片生活区。海岸线东移后，生产区也东迁并逐渐越过了里护塘、新护塘，于是人们在海塘外侧重新修建了一道堤岸。生活区和管理区却由于和食盐生产的关系并不是十分紧密，所以没有向东推进，仍然在原本的里护塘内，并渐渐和城镇靠拢，相互结合。到了清末，盐业经济衰退使得沿海灶民也移居到场镇中，产盐聚落的分布和空间形态基本定型（图 3-4）。民国《南汇县续志》提到："元明以后，涨滩渐东，墩灶南徙。县境无盐产，而（盐之）引运遂废。"由于海岸线的远离，成陆面积不断扩大，大量长江淡水注入南道入海口，使得上海沿海的海水不断变淡，宝山、川沙、南汇（现已并入浦东新区）一带已不适合制盐。海水含盐量下降造成盐田的产盐量不断下降，而且原来用于引海水和运盐的河道由于不断加宽、挖深，更加利于农田灌溉，许多灶民便将盐田改造为农田并开始转向农业生产，如种植棉花、杂粮、水稻等，浦东地区也开始了以农业经济为主的新发展模式。

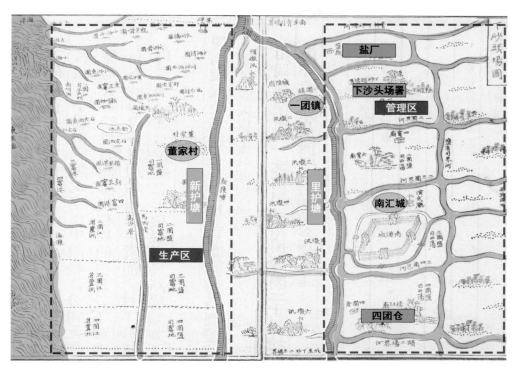

注：底图来自嘉庆《两浙盐法志》。

图 3-4　下沙场空间分布图

　　盐业生产的兴盛带动了一批盐业聚落的繁荣，同样，盐场的衰落使得一些盐业聚落也随之衰落。自唐朝开始直到明朝中期，盐业生产在浦东持续了近千年，从古时的鼎盛再到如今淡出人们的生活，可以明显看到海岸线变迁对产盐聚落的影响。虽然现在仍可以找到当年盐场的位置和遗迹，但早已沧海桑田，取而代之的是现代新的产业和城镇文明。

2. 钱塘江海岸线变迁对产盐聚落的影响

　　东南沿海海岸线变迁最为明显的是钱塘江—杭州湾两岸的北坍南涨。钱塘江潮流形式的变化，也影响到周边沿海盐场及产盐聚落的兴衰，以河庄山（现称白虎山）、赭山为界，钱塘江入海河道分成三段河区：翁家埠到河庄为北大门，河庄到赭山为中小门，赭山到龛山为南大门。钱塘江在明代以前，主流从南大门入海。明末，主流北冲频次增加，改徙中小门入海。清代康熙中期，主流开始经北大门入海（图3-5）。钱塘江河口的三门变迁也同时影响着沿海盐场的位置及周边聚落。

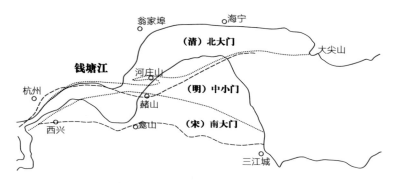

图3-5 钱塘江三门变迁图

在宋之前，钱塘江的入海口河道比现在曲折的钱塘江口要宽阔得多，彼时整个的三北平原还在水里。江流海潮从这三门中的一两个门出入。在这三段河门中，南宋之前南大门一直是钱塘江的主流河道，也是最汹涌的河道。而从南大门河道向南，就是杭州湾的范围了，今天的绍兴、上虞、余姚北部那时还在海里，慈溪更是几乎全境都在海中。唐代在现慈溪市横河镇的石堰设置余姚场，宋代改名为石堰场；在慈溪市观海卫镇鸣鹤古镇景区一带设鸣鹤场，鸣鹤盐场至今最大的历史遗存是盐仓山。

杭州湾南岸的宁绍平原，特别是余姚、慈溪一带的海岸在各历史时期时有坍塌或者淤涨，海塘的建造也随之进退。为保护盐田、抵御海潮侵袭，历史上，从萧山到镇海的整个宁绍平原地区自西向东修筑了萧绍海塘、百沥海塘、浙东海塘等。宋庆历七年（1047 年），修筑大古塘，当时属于石堰场。今天慈溪市西 10 千米处有一座名为大古塘的村落，村口的古塘路横贯东西，这里曾经是三北平原建造的第一座塘堤——大古塘的所在地。大古塘最长时，向西伸入今绍兴上虞区境内，向东则远达宁波镇海。后来杭州湾南岸海涂不断向北扩张，邻近乡民便围涂垦殖。此后，他们在政府组织下不断向海围垦，在杭州湾南部修建了一层又一层海塘。

　　海塘内的土地围垦出来后，就会有灶户和民户进行开发。沿海的新垦田地首先会被用作盐田煮盐，绍兴府内的西兴场、钱清场、三江场、曹娥场、石堰场，宁波府境内的鸣鹤场、清泉场、龙头场、穿山场、长山场和玉泉场，清代的这些盐场几乎覆盖了宁绍平原的海岸线。从明朝永乐年间直到清朝嘉庆年间，人们兴建了包括新塘、周塘、潮塘、三塘（榆柳塘）、四塘（利济塘）、五塘（晏海塘）等在内的多条海塘，生生造出了三北平原的核心地带。由此可见盐业的生产与海塘的修筑有着密切的关系。

　　新海塘的修筑越来越频繁，主要原因在于盐场产盐效率提高，其周边人口膨胀速度加快，据史书记载，南宋开禧元年（1205 年）置龙头场盐课司于镇海县灵绪乡三都，故址在伏龙山西侧即慈溪的原龙场乡龙头场村。宋、元至明代成化六年（1470 年），石堰、鸣鹤、龙头三场位于大古塘以北、潮塘以南。后来的桥头、樟树、白沙、浒山、历山、周巷、朗霞、泗门、临山等乡镇都建在大古塘边。到 1470 年潮塘筑成，盐场渐渐推移到潮塘以北。至明弘治二年（1489 年）筑周塘，盐场又渐移到周塘以北。清顺治元年（1644 年）起又向北依次新筑榆柳塘（三塘）、利济塘（四塘）、晏海塘（五塘）、永清塘（六塘），清代盐场就在这四塘之间（图 3-6）。其间，鸣鹤场已经衰退，宣统三年（1911 年）龙头场废弃，残余归属清泉场。延至民国时期，盐场位置又北移到六塘以北。1919 年，鸣鹤场废场改农，所剩晒板并入余姚场，此时的余姚场（庵东盐场）成了浙江第一大盐场。清嘉庆时期三北平原上盐场内城镇与海塘关系如下（表3-1）。

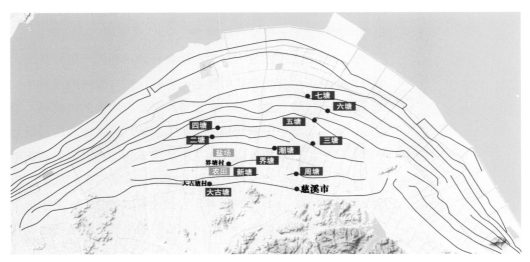

图 3-6　宁绍平原海塘层次

表 3-1　清嘉庆时期三北平原上盐场内城镇与海塘关系			
盐场	盐场位置	盐场图例	海塘与聚落
石堰场	位于余姚县东北龙泉乡。东至鸣鹤场，西至金山场，南至余姚县，北至海		管理区和生活区位于海塘内部，生产区位于沿海地段

（续表）

盐场	盐场位置	盐场图例	海塘与聚落
鸣鹤场	位于慈溪县西北。东至龙头场，西至石堰场，南至车厩驿，北至观海卫		大部分生活区与管理区位于海塘内，随着海塘不断向外修筑，生产区也是一层层外移
清泉场	位于镇海县崇邱。东至小港口，西至杨木堰，北至龙头场，南至象鼻山		随着沿海盐场的生产发展，盐场靠海的位置形成了新的生活区，城镇沿着海塘进一步发展
龙头场	位于镇海县灵绪乡。东至清泉场，西至鸣鹤场，南至达蓬山，北至海		生活区、管理区、生产区皆位于海塘内部且相互靠拢

注：图例底图来自嘉庆《两浙盐法志》。

千百年来，三北平原上的滩涂不断地往北淤涨，海塘随之不断地向北修筑，盐场也随之不断北移。场灶居民随着盐场的北移而形成新的聚落，每筑起一道海塘，前一道海塘两侧就会聚集起大量灶民，形成聚落。从三北平原的部分村名中我们可以看出，沿海平原的不少村落，其形成与筑塘、制盐、围垦相关（表3-2）。

表 3-2　三北平原上与盐作相关的村名	
盐作方式	村名
制盐：场（煎盐、行政）、灶（煎盐）、舍（煎盐）、甲（灶下设甲，煎盐处）、丁（丁户煎盐之地）、湾（防卤地淡化）、圩、丘、堘（圩涂盐垦之地）	东溜场村、附场地村、龙头场村、五灶二村、四灶塘下村、六灶村、头甲、八甲、郑家甲、河东甲、宋丁村、陈丁村、蔡丁、阮家丁、张丁、断头湾、诸湾、横湾、大王堘、褚家堘、劳家堘、老圩、全灶头丘、劳丁丘
晒盐：潭、滩	涂汛潭、周潭村、十丁潭、泥墩潭、滩晒场村
囤盐：仓	盐仓基

总之，钱塘江的水系变迁造成了杭州湾南岸的滩涂不断向北扩张，在筑塘、制盐、围垦农田和盐田等人类活动的综合作用下，沿海的产盐聚落便形成了沿海塘层层向外扩散的肌理。

3. 盐业生产方式对产盐聚落的影响

浦东是由长江挟带的泥沙沉积而形成的陆地，因此如今的河道大多为人工河道，天然河道并不多。由前文分析可知，浙西为了制盐将海水引入滩场，需要不断开挖河道与盐灶相通，这些河道称为灶港，一般是东西向的。原来引潮的沟槽起初不宽，够小木船通行就可以了，随着浦东海岸线不断东迁，盐场内的盐灶随之向东转移，为了利于引潮进团灶，这些灶港也在不断地挖深、加宽，向东延伸至海。它们从一团排到九团，分别称之为：南一灶港、南二灶港、南三灶港、南四灶港、南五灶港、南六灶港，东连运盐河，经宣桥、新场入奉贤境通黄浦江；南七灶港、北一灶港、北二灶港、北三灶港、北四灶港、北五灶港、北六灶港、北七灶港，东连运盐河，西进咸塘港，分由沈庄塘港和周浦塘港西入黄浦江；北八灶港，东连运盐河，西经盐船港，再进咸塘港北上，由白莲泾出黄浦江；南场界港、小五灶港、虹桥港、瞿家港、沈沙港、小三灶港、小四灶港，东连运盐河，西经横沔港北上入长浜进白莲泾；顾家浜、张家浜、界浜，东连运盐河，西至海塘浜通黄浦江。另有王家港、东路港、瞿家港、卢九沟、孙家沟、杨家沟、赵家沟等河流都与运盐河相连接。今天的浦东运河即当时的运盐河，系当时修筑里护塘时在塘内挖土而形成的河道，这条河为南北向，与里护塘平行。还有其他运盐河如盐铁塘、闸港、周浦塘等。由于盐业生产的需要，灶民在浦东开挖了大小200多条人工河道，浦东如今的水网格局便因此基本形成。

有了运盐河，一船船海盐得以源源不断地运往各地。紧靠运盐河的各码头吸引了大量劳动力迁入，他们定居繁衍后代，使人口迅速增加，就此建立起浦东无数集镇。"一团"俗称头团（即今大团镇），运盐河穿镇北上，将镇区分为上塘街和下塘街，上塘街沿河的吊脚楼都骑河修建，一推窗就可看到运盐河中船来船往的繁忙景象。依托水运之便，一团历来为盐、棉、粮之集散地，经济发达，曾有"金大团"的美誉，南一灶港、南二灶港和石皮沥港在此交汇。

浦东的一些村落和集镇的兴起大都与煮盐、贮盐、运盐有着密切的关系，可以说一业兴而百业旺。盐业生产地自西向东的迁移带动了一大批村落和新市镇的形成与崛起，这些东西向的引潮河道与南北向的运盐河道共同组成了下沙盐场的水系格局。从现代上海市浦东地区地图可看到：下沙盐场旧时所在地的众多河流是东西向的，其前身都是古时下沙等地盐场的引潮河道，而且在这些引潮河道周围仍有"下沙镇""盐仓镇""六团镇""六灶镇""三灶镇""大团镇"等以下沙盐场的"团""灶"这些生产单位命名的地点（图3-7）。

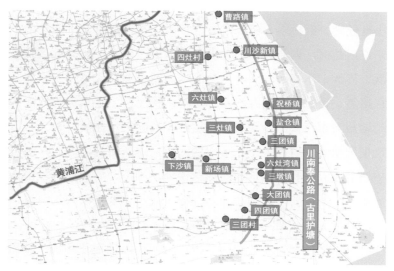

图3-7 浦东地区与盐作相关的地名

由此可见，这些因盐而开挖的河港成为市镇聚落产生和发展的重要动力，市镇聚落沿着盐场内东西流向的引潮河流、南北向的运盐河流以及南北向捍海塘的肌理分布。由南汇县古地图和现代上海浦东新区地图比较可看出，在下沙盐场遗址所在地中，南北向的运盐河对应如今的浦东运河，里护塘对应如今的川南奉公路，它们与浦东新区众多的东西向河流共同造就了现在浦东南部各集镇的基本格局（图3-8、图3-9）。

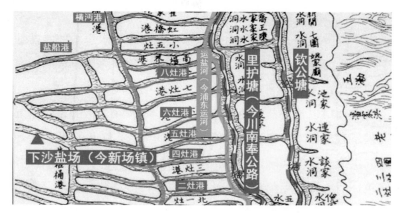

注：底图来自雍正《南汇县水利图》。

图 3-8 南汇县古地图

图 3-9 今浦东新区地图（部分）

二、产盐聚落的分布特征

两浙地区东部濒海，古人煮海为盐，故产盐古镇最初形成的时候均是沿着浙江东部海岸线分布的。由前文关于产盐聚落发展的影响因素分析可以得到："因盐而兴"的古镇的分布特征和形态特征是由地理环境、人地关系、盐作方式共同作用的结果。盐场大多位于杭嘉湖平原、宁绍平原等地势平坦低洼的地方，但因地近大海，故自古以来便常年遭受水患威胁，盐业生产深受海潮困扰，潮灾频繁。如长江三角洲海岸、钱塘江海岸的变迁，无不影响着沿海盐场与聚落的发展。

海塘可以保护盐场免受海潮侵袭，为产盐聚落的稳定发展提供了有力保障。在浙东宁绍平原上的盐场，政府将新的滩地首先供给灶民煎、晒盐，盐田不断向外开垦，海塘也不断向外修筑，旧的海塘渐渐被废弃转化为道路，盐场及产盐聚落则沿海塘布置，两边开始聚居大量的灶民，并发展为新的聚落。

浙西下沙盐场所在的新场古镇也是在盐场随海岸线远去后，于其旧址发展起来的产盐聚落。又因为下沙盐场采用的煎盐法需要引海水进入盐田，人们便开凿了大量的"潮沟""灶港"，从而形成了沿海滩涂纵横交错的河道网络，现代聚落大多就沿这些河道布置。

由以上分析可总结出产盐聚落的分布特点为：①聚落沿着沿海海塘分布。聚落内的灶民、商人随着新海塘的修筑不断向大海的方向前进，聚落以海塘为轴线向外扩张而呈带状分布。②聚落沿着古运盐河分布。煎盐法需要开挖河道，引潮入盐田，灶户生产出的盐需要不断通过开挖的运河向外运输。为方便运输，部分灶户便会在水路交通的要道旁居住，从而形成新的聚落。③聚落核心为生活区、管理区，生产区则紧邻海边，与管理区、生活区分离。

以鸣鹤古镇为例，鸣鹤古镇的发展与盐业有着密不可分的关系。鸣鹤作为古代的产盐地，在唐朝时已经具有相当规模，北宋咸平元年（998年）已设鸣鹤买纳场，明朝设盐课司。宋代时因石堰场东场并入鸣鹤场，面积扩大，鸣鹤场盐产量增多。盐业的发展带动了鸣鹤古镇的全面繁荣，为方便运盐，明代开掘了横穿镇中的街河，水运交通的方便又反哺了商业的繁荣。
在盐业兴盛时期,鸣鹤古镇在功能设置上主要分为三个区块(图
3-10)：管理区（鸣鹤场大使署）、生产区（煮盐、晒盐、储
盐）、生活区（主要是制盐的盐民）。生活区与管理区发展比
较稳定，大部分位于官塘内部，并逐步靠拢形成商业街。岸线
的变化使生产区也随之一层层外移，最终灶民在海边形成了新
的生产聚落。随着时间的推移，盐业衰落，其他商业兴起，但
部分街巷名仍然记录着这里悠久的制盐历史，如衙门巷的名称
缘于管理盐务的政府机构鸣鹤场大使署曾坐落于此。又如彭公
祠，乃盐民为纪念明朝刑部侍郎兼金都御史彭韶所建。盐仓基
乃古时存盐之地，为明代所置。现鸣鹤古镇的格局、老建筑、
街河七桥等主要沿袭了明清风格。

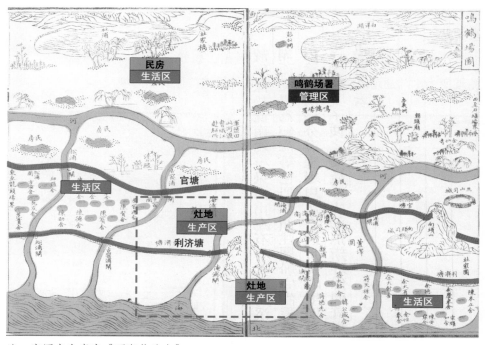

注：底图来自嘉庆《两浙盐法志》。

图 3-10　鸣鹤场内各功能区位置图

三、产盐聚落的形态特征

从《熬波图》第一、二节"各团灶作"和"筑垒围墙"可以得知，两浙盐场起初的场镇建筑以"团"为单位，灶团院落四周外设围墙（图3-11、图3-12），墙外挖防护壕沟，目的是利于盐的生产和管制，防止盐户与外界联系，私下卖盐。因此，"团""灶"就成了具有防卫功能的居民点和生产地，大批的灶户在盐场定居。到清代，随着浙盐经济的发展以及部分地方产盐方式由"煎盐"变为"晒盐"，盐作区范围扩大，场镇布局开始出现突破性的改变，原本以"团"为基本产盐单位的院落式布局，其空间已经不能满足产盐需求，聚落逐渐发展为开放布局，故而围墙逐渐被拆除。

从空间形态来看，海塘、运盐河和聚落的关系可归纳为两种类型：

第一种类型在浙东盐场一带较为普遍。每筑一新塘，原塘就变为水陆通道，随着新海塘不断往外修筑，原有旧海塘成

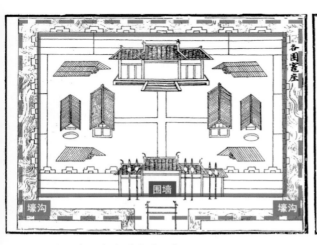

注：底图来自《熬波图》。

图3-11　盐场内围合的团、灶空间

注：底图来自《熬波图》。

图3-12　盐场外筑围墙

为备塘后，变成了有交通功能的水陆通道。例如光绪《镇海县志》记载："大古塘为北乡最旧之塘，昔时所以御海潮，今则为交通之要道。"这种类型的产盐聚落空间特点为：海塘成为聚落主街，是聚落形态的骨干。随着盐业经济发展、人口数量的不断增多，聚落不断沿着主街扩张，形成鱼骨状空间布局（图3-13）。如二十世纪初期石堰场内的坎墩镇，位于浒山所城附近，灶户圩田开垦，其居住的聚落就沿着护塘河向两侧依次伸展开来（图3-14）。绍兴塘头镇的商业街也是紧密排列在海塘两侧。

图 3-13　以海塘、灶港为主轴的鱼骨状空间布局

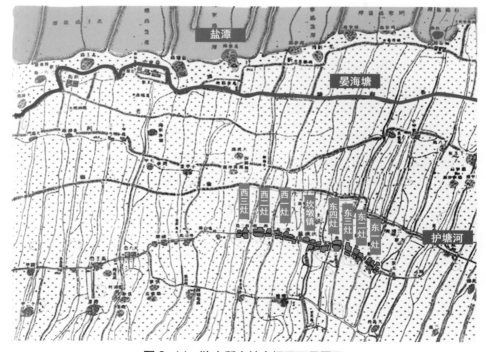

图 3-14　浒山所内灶户圩田开垦图示

第二种类型在浙西一带较为普遍。由于浙西特别是上海的盐场在产盐时需要开挖灶港、运盐河等以便就海引潮和食盐外运，聚落就在由纵横交错的灶港组成的片区内呈团状布局，聚落与运盐河的关系更为紧密，纵横交错的河道逐渐成为聚落之间相互联系的主要通道（图3-15），如上海浦东的新场古镇、川沙古镇等。

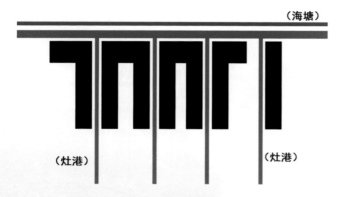

图3-15　以灶港和运盐河围合而成的团状空间布局

以位于浦东的新场古镇为例。新场镇位于浦东新区南部，黄浦江东岸，原坐落于此的下沙盐场是宋代东南沿海重要的海盐生产地之一。新场镇成镇之时，正值盐场鼎盛时期，盐产量和盐灶之多胜过浙西诸多盐场。古镇河道以两纵两横形成"井"字形（图3-16），以新场大街为中轴线，纵横交错的灶港将古镇划分为一个个团状片区，其中的南五灶港、南六灶港及新场港是盐运的重要通道。现新场古镇保留传统民居建筑最为完整的是后市河旁的新场大街南段，这里的民居呈现出前店、中宅、后花园的布局特征（图3-17）。

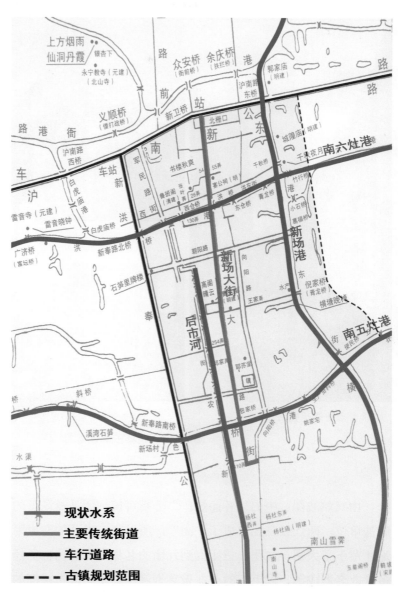

注：底图来自新场古镇历史陈列馆。

图 3-16　新场古镇空间分布

B.新场大街

A.原南六灶港运盐河道

C.洪福桥

图 3-17　新场古镇景物图

　　由《熬波图》中的"各团灶作"分析可得，团是盐场下的制盐单位，两灶或三灶组成了"团"，所以南汇以前的海岸附近才留下了大团、二团、三团直到九团的名称，有的团也历经多次改名形成镇。以上海的产盐聚落为例，其空间分布特征如下（表3-3）。

表 3-3　上海部分产盐聚落空间特征一览表

产盐聚落	明清地图区位	现代地图肌理	空间形态特征
惠南镇（南汇）			惠南镇空间格局规整，道路平直，为四面环水的团状布局
川沙镇			川沙镇平面方正有序，格局规整，内部还保留有传统形式的街区，中间道路呈"十"字交叉形，古镇为四面环水的团状布局
下沙镇			下沙镇商业街多沿河发展，形成带状布局，如下沙老街、沈庄街

（续表）

产盐聚落	明清地图区位	现代地图肌理	空间形态特征
四团镇			四团镇是由盐场团灶发展起来的聚落，内部道路常呈现"十"字交叉形
新场镇			新场镇被南五灶港、南六灶港、新场港、后市河等运盐河道划分为"井"字形的团状格局，主要商铺沿河道发展

运盐聚落特征

一、运盐聚落的形成与变迁

两浙盐运古道上的盐业运输和盐业贸易活动也会影响到周边许多聚落的兴衰。聚落形态的扩展基于诸多因素的驱动，对于运盐聚落来说，盐运交通网络是聚落空间的结构骨架，盐运的发展使得交通线路不断扩张，同时，处于交通节点上的聚落空间也得到了"生长"。清朝中后期，一些老的场灶随着盐业经济的发展，成为有规模的集镇。一般一灶可形成一个聚落，场的中心一般都是著名的盐业城镇。如余姚场的余姚县，会稽东、西二场的会稽县。而在运盐河交汇处或运盐河向陆地转运的节点处则兴起了大量的运盐古镇。

运盐线路上的许多聚落原本以农业经济为主，聚落的发展还停留在较低的经济水平上，后由于两浙盐运线路的贯通，各地原本分散、封闭的聚落以盐为媒介实现了连通，聚落普通居民或商人也逐渐加入盐业贸易当中，繁忙的运输线路和大量流动的人口为沿线聚落的兴盛创造了有利的条件。如浙江省海盐县澉浦镇位于县境南端，东、南濒临杭州湾。北宋时在此设鲍郎场，还设有盐官和监税机构专门管理盐场生产及税收。南宋时期，由于杭州城政治、经济地位的提高，作为杭州城外港的澉浦镇以优越的地理位置、良好的通航条件和发达的运河水系而发展起来，并逐渐取代杭州港成为两浙地区对外贸易的港口，很多居民从事运盐或者海运活动，澉浦因此兴盛一时。

又如杭州西兴古镇是南来北往的一个中转码头，曾经万商云集，士民络绎，南北客商、东西货物都须于此中转。通过西兴堰调节运盐河的水位，可使浙东沿海诸盐场的盐顺利运往其他地区，因此西兴是一个重要的运盐中转点，也得以发展起来（图3-18）。

图 3-18　西兴古镇河岸

二、运盐聚落的分布特征

两浙盐区的运盐聚落主要分布在太湖平原水网区、宁绍平原水网区和金衢盆地三江交汇处，这些地区便利的水运河道及相关水利设施使得运盐船只来往频繁，从而产生了较为发达的运盐聚落，它们具有如下分布特点。

（一）靠近河流与河流交汇处

两浙食盐运输在古代以水运为主，水为聚落的发展带来了便利的交通,河流与河流的交汇处往往是附近地区的交通枢纽，这些地带一般水利设施也较多，如码头、堰坝、船闸等，这都为食盐的集散提供了有利条件。

如仙居皤滩古镇就位于仙居永安溪中游的五溪汇合处（即朱姆溪、万竹溪、九都坑溪、黄榆坑溪至永安溪的交汇处，见图 3-19）。台州沿海平原所产食盐要销往浙江西部地区，必须溯椒江、灵江而上，至永安溪中游皤滩古镇停泊。皤滩因其良好的水陆交通条件和临近食盐生产地的优势，连通了台州诸盐场与金华府的东阳、永康、武义。在两浙食盐运输鼎盛的清中期，皤滩沿溪的河道上紧密排列着船埠，如永康埠、绥云埠、金华埠、丽水埠、东阳埠等，这些船埠都是以经营食盐为主。

图 3-19　五溪交汇处的皤滩古镇

活跃的盐商和兴旺的盐埠，吸引了一批批的商贾富豪前来投资设店，皤滩也从一个荒凉闭塞的山区集镇发展成为方圆百里以内的商业名镇。商贾的到来，不但推动了皤滩商贸经济的发展，而且带来了不同的建筑理念和文化。由于船埠、商铺均沿永安溪而建，永安溪河床九曲迂回，酷似龙形，所以就孕育形成了享誉古今的皤滩龙形古街。

（二）分布于水陆转运的节点处

水运不通的地方要靠陆运，水陆转换时商人要将船停靠在水陆转换节点处等候。装卸食盐需要有人帮忙，商人、船工需要住宿吃饭。因此，附近村民便会被吸引至转运地参与盐业相关劳动。随着盐业不断发展，运输更加频繁，更多的人在转运地谋生、定居，那里就逐渐发展壮大形成城镇。

如浙江江山港上清湖古镇地理位置优越，《清湖镇志·概述》载："（清湖）据浙水上游，呈高屋建瓴之势，操入闽关键，有通达咽喉之道。"[①]清湖码头水运经钱塘江可直通京杭大运河，陆路通过仙霞古道可直达福建。清湖码头由此成为连接浙、闽、赣三省的重要水陆交通枢纽（图3-20）。明清时期，杭州、绍兴批验所盘验的食盐就经钱塘江抵达江山港的清湖码头，再舍舟就陆运至江山县。清湖码头盐业经济的兴旺，带动了清湖镇的繁荣发展。从清湖镇出发经陆路到福建浦城南浦溪码头，这一段路线即仙霞古道，是连接浙江的钱塘江水系与福建闽江水系之间的最短路线，江南地区生产的丝绸、食盐和各种杂货等，在抵达清湖码头后，转为陆运，由挑夫肩挑经仙霞古道入闽销售。

---

① 引自新编《清湖镇志·概述》，香港：天马图书有限公司，2003：1。

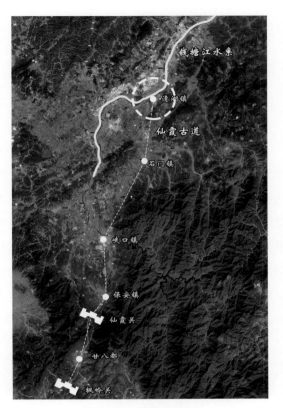

图 3-20 清湖镇区位

（三）分布于陆运古道的节点处

　　在两浙盐区，陆运是盐业运输的一种重要方式，两浙盐区内的重要商道如徽州古道、苍岭古道、仙霞古道等，亦是食盐陆运的重要通道，盐运活动给古道上的聚落尤其是处于重要节点处的聚落带来重要发展机遇。如苍岭古道曾是连接台、婺、括三州的交通要道，其在隋唐时即设有驿站，南宋开始成为沿海至内陆的"盐道"。光绪《仙居志》记载："仙居县年销正引一千九百八十七引（清代一引 600 斤），外东阳、永康、武义三县，共年销正引四千五百十四引，皆由该县皤滩而上，

赴该处行销。"① 盐运的繁荣使古道上的聚落得到一定程度的
发展。

三、运盐聚落的形态特征

（一）沿运输线路展开的带状布局

以水运为主的运盐聚落多紧密依靠水岸，其街道呈带状
分布，这样既可以形成更多的临水商业店铺，也可以方便商人
从码头处装卸货物。如杭州塘栖古镇作为两浙盐运线路江南运
河段的重要集散场地，就是一个沿水运通道展开布局的典型聚
落，京杭大运河从中间穿过，主街和广济桥组成的交通干线呈
"工"字形分布（图 3-21），商铺沿着运河在两岸南北延伸，
呈带状形态（图 3-22）。

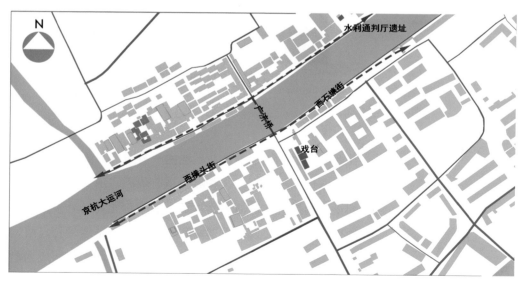

图 3-21　塘栖古镇总平面图

———————

① （清）王寿颐修，王棻等纂：（光绪）《仙居志》卷五《版籍志下》。

又如仙居皤滩古镇的古街形似一条龙，西龙头，东龙尾（绕过下街长生潭），中段弯曲成龙身，后路街与水埠头恰似龙爪。龙头对着五溪汇合点（上水口），街两旁分布着260余家店铺，街区为前店后埠或前店后库的格局，皤滩古镇沿永安溪东西伸展分布，在形态上呈现出带状布局（图3-23）。

| A.京杭大运河 | B.临河商铺 |

图 3-22　塘栖古镇实景图

图 3-23　皤滩古镇总平面图

（二）以码头为中心的放射状布局

另一种形态的运盐聚落一般是以码头为整个聚落的交流中心向四周输送物资，因此码头在聚落中具有很强的辐射力，它不断地吸引着沿线的商人、附近的村民围着自身定居下来。经年累月，这种类型的聚落形成了以盐码头为中心、以输送物资的道路为主干骨架的放射状的布局。

如浙江江山清湖镇在鼎盛时码头达 17 个，中段码头 8 个，其中有一个盐仓专用码头，清湖镇的主干道呈略带弧度的"十"字形，次要街巷则分别按照主干道弧度向两端发散开来，主次街巷整体构成一种扇形布局。这种扇形布局不仅方便本地商人将物资输送到本镇或者周边的聚落，而且还方便本地村民向外进行商业贸易活动。聚落北面靠近盐码头的地方建筑密度要大于远离码头的地方，这也体现出聚落依靠盐业发展的特点（图 3-24）。

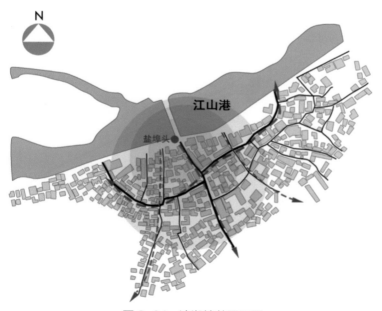

图 3-24　清湖镇总平面图

第四章

两浙盐运古道上的建筑

第一节
盐业官署

一、盐业官署的类型

　　盐业官署主要是指那些由官府设置的管理盐务的机构。明初即设有盐官，如《明史·食货志四·盐法》载："太祖初起，即立盐法，置局设官，令商人贩鬻，二十取一，以资军饷。"明朝仍元制，官府在两浙产盐地区设有都转运盐使司（简称盐运司，清代又作都转盐运使司）作为盐务管理机构，下辖各场盐仓、盐课司、批验所等，共受巡盐御史或盐法道臣的监督。两浙盐业官署的主要职责是对盐场的生产和食盐运输销售过程进行监督，打击私盐。明清两浙盐业运输以盐仓、批验所为核心展开，盐场产的盐首先通过运盐河抵达各个批验所进行检验，检验完后才会从批验所行销至各个州县。据清嘉庆《两浙盐法志》记载，两浙地区分别有杭州批验所、绍兴批验所、嘉兴批验所、松江批验所、温州批验所及台州批验所，在批验所设置大使与副使（台州、温州两所引额较小，未设批验大使，而是由台州府、温州府代为掣放，且温州府随到随掣，不用按季节赴掣）。除批验所之外，还有宁绍分司、松嘉分司两大分司，以及盐场大使署、各关津渡口的盘验关等官署，这些机构都是对浙盐产、运、销进行管理和控制的。

二、盐业官署的特点

（一）选址特点

官府一般会在盐场附近设立相关的盐业管理机构，并建设相应的建筑作为办公场所，除了盐场内设管理食盐生产的大使署，还会在运盐途中为检验食盐、防止私盐夹带而设批验所。盐官为了避免来回远距离搬运、提高检查效率，往往将这类管理建筑设在运盐河旁（表4-1）。

表4-1 两浙盐区部分批验所选址情况

名称	图示	说明
杭州批验所	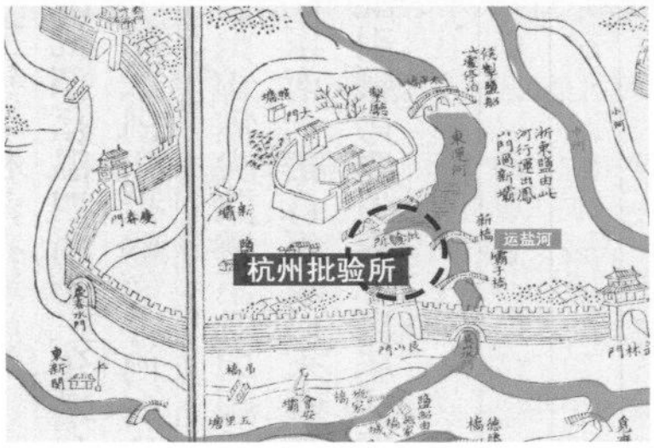	位于杭州府治艮山门内，运盐河附近，距运司2.5千米
嘉兴批验所	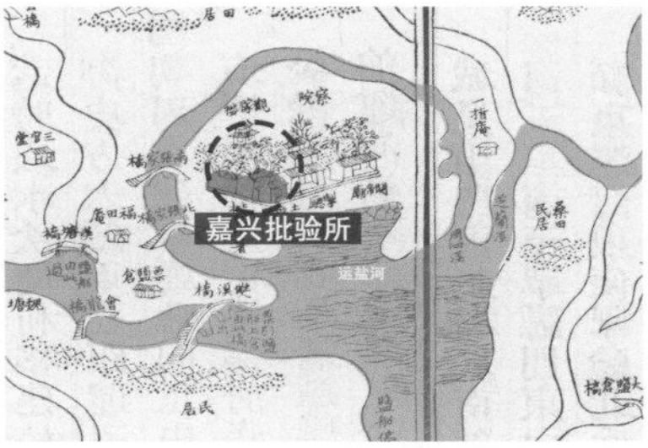	位于嘉兴府南春波门外五里，宋玉霄万寿宫遗址，距运司125千米
松江批验所	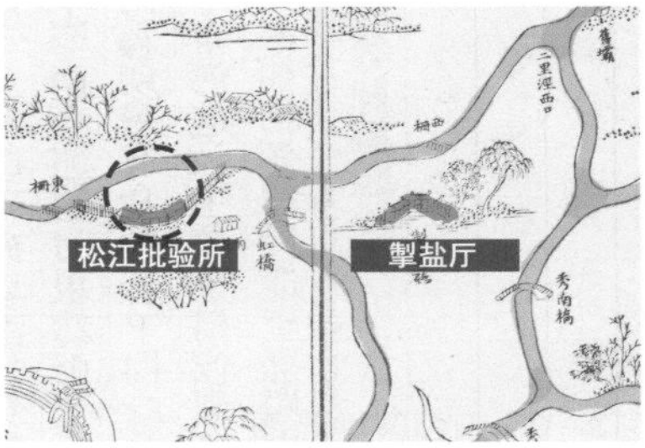	商盐过去由黄浦江进入东汉港至所，现因为东汉港淤塞改进入西浦口，经旧坝河运往新改的批验所等待掣验，验完后领程开运，行销各个州县

（续表）

名称	图示	说明
绍兴批验所	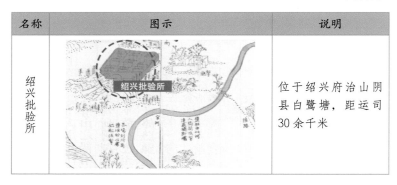	位于绍兴府治山阴县白鹭塘，距运司30余千米

（二）平面特点

1. 多为中轴对称形态

两浙盐业的官署建筑为封建官府所建，空间布局受北方官式建筑影响较深，坐北朝南，多为中轴对称布局。整体布局以一条空间主轴贯穿主要办公空间，两侧多为厢房、书房、厨房等辅助空间，其中可能存在若干条次轴，但基本都为轴线对称形态，官署建筑等级越高，这种特点越普遍（图4-1）。

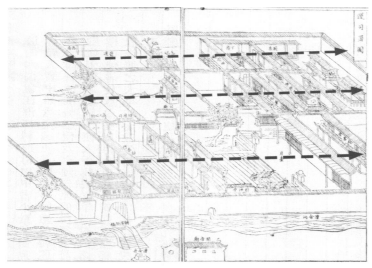

注：底图来自《两浙盐法志》。

图4-1 运司署平面图

2. 少数为非轴线对称形态

由于地理位置、地形的差异，有的官署基址空间较大，就可按照多条轴线非对称布置格局。除此之外，还有更加适应地形的自由布局形态，如清代宁绍分司署，其主要空间大堂、二堂并不在同一条轴线上，而呈现一种"Z"字形的空间关系（图4-2）。

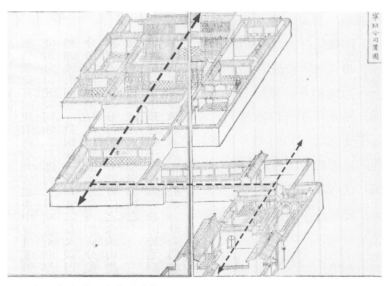

注：底图来自《两浙盐法志》。

图4-2　宁绍分司署平面图

三、盐业官署案例分析

明清时期，盐业利润丰厚，为防官员贪污，官署建筑往往修筑得简洁而庄重，不做华丽的修饰，并通过中轴对称、层层递进的空间体系，营造出一种庄严肃穆的空间氛围，以使在这一环境中工作的官员们产生对职责的敬畏之心。

（一）两浙巡盐御史及其官署

唐乾元元年（758年），朝廷设置了十二处巡院，浙江有其一。后来屡废屡设，到了五代时罢巡院，开始建立转运使。宋朝时设都大发运使，以此来总领各路转运使。明朝永乐年间，朝廷才开始派遣监察院御史来稽查国家盐税。到了明朝正统三年（1438年），朝廷给两淮、两浙地区分别调派了巡盐御史，而两浙实自景泰以后才开始巡查盐务。嘉靖三十一年（1552年），朝廷再次设置浙江巡盐都御史。

清代两浙巡盐御史沿袭明制，但清初顺治、康熙年间都偶有停差或归并。康熙七年（1668年）定两浙巡盐御史驻扎省城。雍正四年（1726年），奉旨浙江巡抚兼理两浙盐政。乾隆五十八年（1793年），奉旨仍专差盐政，兼管织造，即以织造旧署改建院署。明时巡盐御史署在武林驿前，为宋太平兴国传法寺基，清在南关厂前。

清代两浙巡盐御史官署建筑正中为大堂，上奉御书"敬慎"二字匾额，前为露台，为甬道，为仪门、东西廊，为候官厅，为书吏房；后为穿堂，为勤熙堂，为内宅；西为书厅，后为长廊，为花厅；又东为庖湢（厨房、卫生间），为廪廥（库房），为从舍，其西为书室，为幕寮，为宾馆，大门外为东西辕门，为巡捕厅，左右有二坊（图4-3）。《两浙盐法志》称："盖简畀隆则体制宜肃，莅斯职者其敢不精白，一心兴利除弊，以勉思报称也欤。"[1]

---

[1] （清）延丰、（清）冯培纂：《重修两浙盐法志》卷二《图说》。

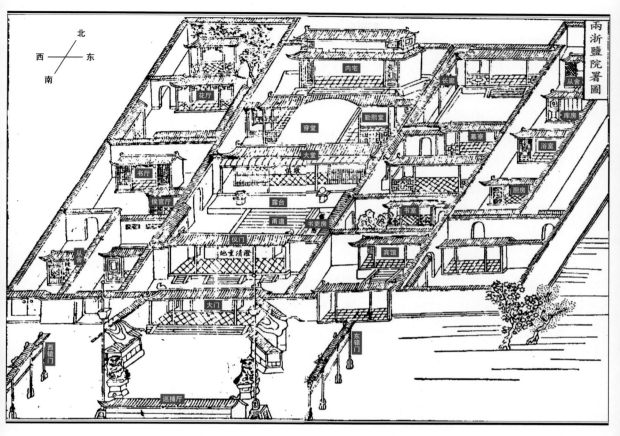

注：底图来自《两浙盐法志》。

图4-3　两浙盐院署图

（二）两浙盐运使及其官署

　　唐玄宗在位时，设江淮都转运司，任命中书门下平章事（相当于宰相）兼任，天宝年间开始设置盐铁使。宝应元年（公元762年），盐铁使兼任转运使。贞元（唐德宗在位）年间，朝廷不再任命江淮转运使和水陆转运使，而后设立榷盐使一职。到了宋朝，又重新设立各地转运使。太平兴国三年（978年），两浙地区设立了转运使，其官署位于凤山。官署装有双门，建筑内部分为南北两个衙署。熙宁（宋神宗在位）年间，官署迁移安置在钱塘县的太平坊。元朝将转运使改为两浙都转运盐使司，并在明代沿袭下来。

清初仍明制，称两浙都转盐运使司管盐法道事，有运使一员，驻扎省城。隶浙江全省、江南苏松常镇徽五府及广德全州、江西广信全府。属官有松江分司运同一员，宁绍分司运副一员，嘉兴分司运判一员，温台分司运判一员，经历一员，知事一员，将盈库大使一员。后均有裁并。

康熙四十九年（1710 年），运司兼驿务，名盐驿道。盐驿道统辖批验所大使四员，盐课司场大使二十四员，并通省驿传等官。雍正四年（1726 年），又兼水利。乾隆间，裁水利、驿务，改为盐道。至五十八年（1793 年），改运司专管两浙盐课，统辖宁绍温台分司运副、嘉松分司运判二员，经历一员，库大使一员，批验所大使四员，盐课司场大使三十二员。

清代两浙盐运使官署濒涌金河，跨河有桥，名转运新桥，上建谯楼，东向。进入后，北为计台门，南向。入门右为将盈库，左为经历司。署中为甬路，为仪门，为露台，为大堂，东西廊为六房吏舍。大堂后为经略堂。西为使宅，有宅门，内为絜矩堂，为五间楼，西为花厅，为书室，为水阁，为碑亭，又西为庖湢，为从舍。环署有水，名环带河（图 4-4）。明许谷任都转运使时题名记云：本以忧勤，操以廉白，行以宽裕，察以精严，则闻誉弥光。即以是言为官箴。

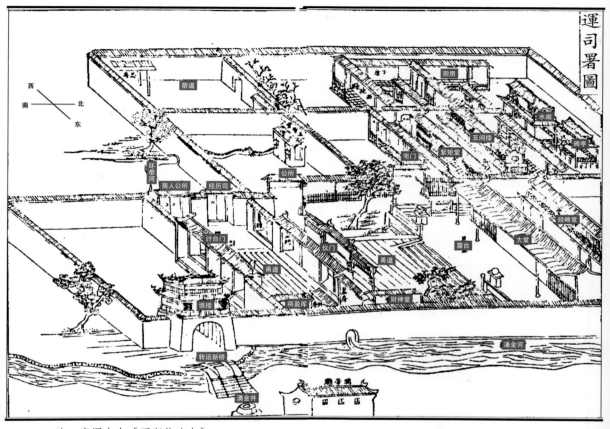

注：底图来自《两浙盐法志》。

图 4-4 两浙运司署图

（三）宁绍分司署

唐朝为转运使设有副使，宋代增设了判官，建炎年间又改为由运盐使掌管分司事务。元朝设立了两名同知、两名运判。明朝时出现两浙都转运使，有一名同知、一名副使、两名判官，同时又有四名分司。其中，同知负责管辖松江分司、副使管辖宁绍分司、两名判官分别管辖嘉兴分司和温台分司。

宁绍分司的官署在元朝大德（元成宗在位）年间建立，延续于明代。其地位于绍兴府管辖的火珠山旁，即宋朝录事司的旧址。

　　清康熙二十年（1681 年），朝廷裁减了一名运判，将温台分司合并到宁绍分司，并且绍兴的分司官署也被长久废弃不再使用。于是，宁绍分司官署便在转运司计台门的右侧重建。乾隆五十八年（1793 年），宁绍分司的官署迁移到了钱塘县东边的奎垣巷。宁绍分司建筑的大门向东边开，进去就是大堂；沿着南北向的方位走，折转至西侧，依次是甬道、二堂、花厅和内宅，左右两边都有耳房（图 4-5）。与从前的形制相比，此时的官署明显更加高大宽敞。

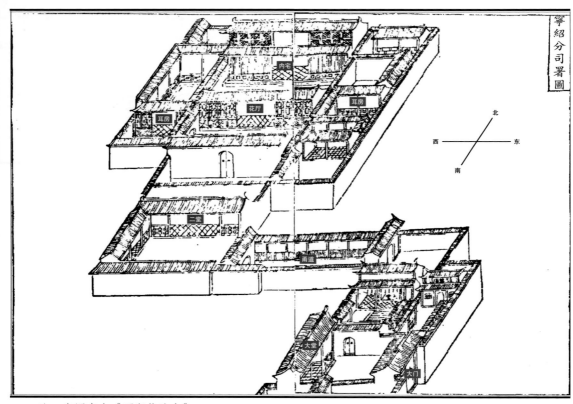

注：底图来自《两浙盐法志》。

图 4-5　宁绍分司署图

（四）嘉松分司署

明代，在两浙察院西边设置了嘉兴分司官署，在原招提寺旧址之上。明嘉靖年间，其建筑在火灾中焚毁，于是便迁移到了新场镇的北边重建，后来因年久而倒塌。

清朝康熙十六年（1677 年），朝廷取消了松江分司运同。康熙四十三年（1704 年），相关事务归于嘉兴分司的转运判官接管，二者合称嘉松分司，而嘉兴分司官署设在转运司二门内的左边。乾隆四十三年（1778 年），将盈库扩建，嘉兴分司官署便被改设在库房内，后迁移到钱塘县政府驻地西边重建。嘉松分司官署的大门进去以后依次是班房、二门、吏舍（官员办公的地方）、大堂和二堂。东边是花厅，再往东是书房，西边是住房（图 4-6）。此时官署建筑的规格形制已经大大超越了从前。

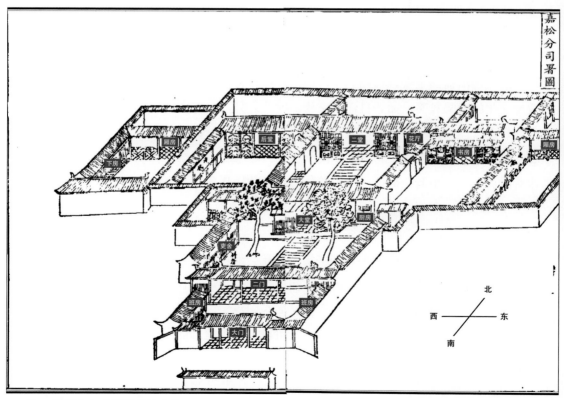

注：底图来自《两浙盐法志》。

图 4-6　嘉松分司署图

第二节
盐商宅居

　　盐商宅居是两浙盐运古道上数量较多的一类传统建筑，这类建筑虽然没有直接参与两浙盐的生产、运输和销售，但由于盐商是盐业的直接参与者，因此两浙盐运古道上的盐商宅居也是盐业建筑的组成部分。

一、盐商宅居的类型

　　清代两浙盐商主要以徽商为主，他们在进行宅居建造时受徽州文化的影响较深，如黟县汪氏家族。除此之外，也有浙江本地靠经营盐业富甲一方的商人，如湖州商帮的南浔张氏家族。这些建筑大多以私宅为主。此外，两浙盐运古道上还有一些经营着沿街商铺的小商贩群体，他们的住宅以商业店居为主。

（一）富商私宅

　　富商巨贾的私宅最能反映其经济实力、社会地位和审美观念，盐商往往财力雄厚，其宅邸占地面积都较大，多以三合院或四合院为基本单元串联、并联在一起，如东阳卢宅，这样组成的复合单元既可以适应不同的宅基，又可以分期扩建，而且不会失去其建筑的完整性。

（二）商业店居

两浙食盐运输以水运为主，故此类宅居即主要分布于运盐河流的码头附近。由于"店"和"宅"的位置不同，商业店居又分为前店后宅和下店上宅两类。

前店后宅：此类建筑沿街一侧是商铺，为商人销售食盐之所，其空间相对开放。受建筑基地大小的影响，后面的宅居空间或与店铺空间紧密结合，或在纵向扩出一部分天井空间后形成合院式住宅。

下店上宅：一楼整个空间都用于商业经营，前面为临街店铺，后面为加工作坊等后勤场所，而楼上全部为主人的生活作息场所。对比来看，此种形式中一层空间更具有开放性，而二层仅供主人居住，空间则更为私密。

二、盐商宅居的特点

（一）平面布局

两浙盐运古道上大盐商宅居的规模大小不一，其内部平面规整平直，宅居空间在轴线上依次布置入口大门、天井、大厅、天井、内厅，形成多进式布局。其后布置厨房、下人房等生活后勤区，整体空间尊卑分明。两浙盐区的盐商民居虽然各有特色，但从整体来看仍有许多相似之处，如前所述，大多是以"三合型"和"四合型"为基本型进行串联、并联而成。其类型组合如表4-2所示。

表 4-2　两浙盐区盐商宅居平面类型

类型	图解
基本型	
串联型	
并联型	
混合型	

　　基本型多用于沿街的商业店居，不论是前店后宅还是下店上宅，都可以做到店铺和住宅两者流线互不干扰。混合型则多用于盐商私宅，其平面一般较大，房间多而且功能也比较复杂，如苏州留余堂，为清朝大臣潘世恩故居，其祖潘仲兰从明代起由黟县前往苏州经营盐业，从而成为有名富商。潘宅院落轴线分明，五进都是三开间，各建筑之间以廊道相隔（图4-7）。

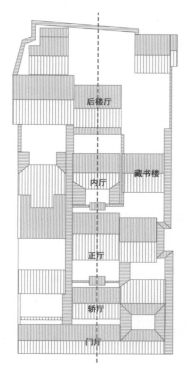

图 4-7 苏州潘宅总平面图

（二）空间特色

1. 盐商宅居中"宅"与"园"紧密结合

两浙盐商宅居既重视商业功能，又强调生活功能，在平面布局及空间组织方面更为自由。主体居住生活部分依次排列在一条轴线上，而园林则位于轴线的尽端或者专门放在另一轴线处，目的是将园林景观和私密性较强的生活区更好地融为一体。

2. 空间的开放度逐渐降低

两浙盐商宅居从入口到屋后的生活后勤区开放度逐渐降低，尊卑等级特征明显，正厅是住宅的核心。如南浔湖沈万三

经营榷盐市场，他的后裔沈本仁在昆山周庄镇所建的沈厅就
比较典型：在主轴线上依次布置船厅、门楼、茶厅、正厅、大
堂楼、小堂楼、后房（图4-8）。正厅是沈厅的核心，空间等
级最高，而且空间视野较为开阔，前后两进院落更加凸显了正
厅的核心位置（图4-9）。

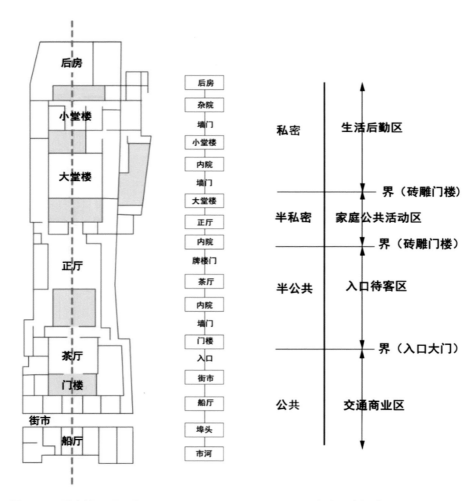

图4-8 周庄沈厅平面图　　　　图4-9 周庄沈厅空间序列

三、盐商宅居案例分析

（一）湖州南浔张石铭旧宅

"南浔四象"之一张颂贤原经营辑里湖丝出口业务成为巨富，后又经营盐业，在浙北、皖南、苏南设盐公堂，成为盐业巨头，鼎盛时期，半个江南都吃张家贩售的盐。其孙张石铭除继承祖业经营丝绸、盐业外，还在上海开设大钱庄和经营房地产等业务。张石铭旧宅建筑群便是他建的大宅院，又名懿德堂。旧宅前临古浔溪，坐西朝东，占地面积6500平方米，建筑面积7000平方米，五落四进，有中、西式房舍150间。

张石铭旧宅平面布局共有三条轴线，各轴线上的院落脉络清晰，排列有序，功能合理（图4-10）。每条轴线上，依据功能不同，通过高墙将空间分隔成相对独立的院落。以轴线大体划分，再辅以院落细分，张家这种多轴线、多院落的平面布局既协调了大家庭的生活需要，又遵循了传统中国尊卑有序之礼仪。

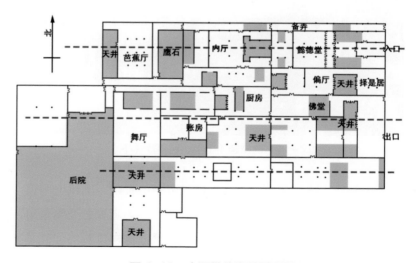

图 4-10　南浔懿德堂总平面图

北轴线为主人张石铭的主要活动场所，轴线上依次布置门厅、大厅（懿德堂）、内厅、芭蕉厅四进建筑，每进建筑皆有一天井形成独立院落。主轴虽然位于整个宅院的一侧，但干扰相对较少，生活也相对私密（图4-11）。

图4-11 懿德堂（上）、芭蕉厅（下）

中轴线为张宅建筑最多、功能最复杂的轴线，轴线上布置有佛堂、厨房、账房，还有娱乐的舞厅。最为考究之处便是厨房的布局，它位于整个建筑群的中心位置，这样设置的好处是便于将食物送往全宅各处，杭州胡雪岩旧居的布置亦是如此。

　　南轴线为张家下人的主要活动场所,将此轴线设在最南端并用高墙分隔,其目的是减少下人活动对主人生活的干扰。

　　张石铭旧宅空间特点:第一,建筑群内主要以石库门将沿三条东西向轴线布置的建筑紧密连接起来(图4-12)。用石库门作为空间轴线的过渡,既增强了院落之间的私密性,又不妨碍各院落间的联系。第二,空间布置依然注重尊卑有序,张宅北轴线北侧有一道可以直通最后一进建筑的窄弄,几乎贯穿了所有的主体建筑,这条窄弄向南可以连接厨房和库房,其目的在于使下人在端送食物或运送物资时可以避开主人的活动场地。第三,中西建筑空间形成强烈对比:南浔商人在清朝晚期开始与西方商人交往,从张氏旧宅的后面三栋建筑可以看出东西方建筑风格渗透交融在一起,这与浙盐其他运输线路上的建筑有很大区别。如其中的"舞厅"建筑,正立面主要以红砖、石头砌筑而成,通过红砖的堆砌叠涩形成大量线条,门口则有6根仿文艺复兴时期建筑风格的雕花石柱(图4-13)。整个具有丰富西方元素的舞厅与厅前的中式厅堂形成强烈对比。

图4-12　石库门

图 4-13　舞厅

（二）黟县宏村承志堂

位于黟县宏村村内西北的承志堂建于清代晚期，是当时大盐商汪定贵晚年回归故乡后营建的私宅。

承志堂平面布局：大门前设置前导空间，再经大门入前院，承志堂在主轴上依次对称布置花池、正厅、后厅和内院，轴线西侧分布书厅、偏厅和厨房，东侧布置偏厅、吞云轩和排山阁。整体建筑群以天井和回廊相互联系，布局紧凑。承志堂的主体部分正厅和后厅是标准的三间制纵向串联的民居结构，中间空间开阔的为正厅，两侧空间狭小的是厢房。正厅和后厅是整个建筑群的核心（图 4-14）。

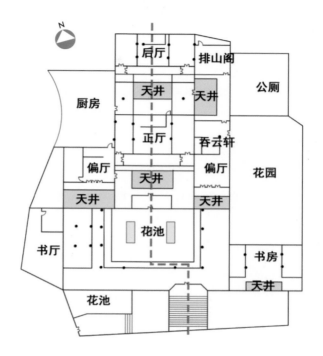

图4-14 宏村承志堂总平面图

　　承志堂空间分布：入口大门内外空间转折巧妙，既有很强的引导性，又有清晰的轴线感。在入口大门前有一段转折的前导空间，这种手法避免了大门正对街巷。进入大门的前院，又采用花坛平移的手法，使二门错位，从而避免视线的一览无余。大小厅室间穿插着外院内院、套院回廊、各式天井，空间结构繁杂但不凌乱，有序而不呆板。

　　承志堂装饰细部：宅居内部装饰极其精美，尤其是建筑内部立面的装饰均是木雕和彩画。在雕刻工艺上，圆雕、镂空雕、浮雕各种雕刻手法应有尽有。徽州地区以山地为主，因此木材资源十分丰富，完全能够满足建造需求，用于雕刻的木材主要为银杏木、杉木和松木等，如承志堂内正厅和后厅的月梁便使用了银杏木。

第三节
祭祀建筑

一、盐神崇拜与盐业庙宇

盐神信仰是为了适应盐业从业者精神生活需要而出现的神祇崇拜现象。在盐业发展过程中，不同的盐区以及不同的历史时期，盐民都有自己信奉的盐业神。自两浙盐业生产开始以后，关于盐神的崇拜便融入了盐民的社会生活，并随着盐业生产的发展而不断扩散开来，最终形成了遍布整个盐产区的盐神庙宇。

《祭法》曰："山林川谷能出财用利民者则祀之，以死勤事则祀之，非此族也，不在祀典。"[1] 就盐业而言，凡是盐的生产者、发现者、保护者以及赐盐给人类的神灵都在祭祀之列。根据祭祀对象的不同，两浙地区的盐神主要分为两种：一种是将具有具体形象的人物拟神化来崇拜，另一种是对产盐过程中的一种产盐条件或者产盐工具、产盐资源的崇拜，这也体现了民间信仰多元的特点。两浙地区东部靠海，海盐生产离不开阳光、海水、风等自然条件的影响。盐场盐民祈求天气晴朗且刮风，是因为这种天气条件有利于在晒盐时加快卤水中水分的蒸发，所以每年夏秋之际，沿海灶民都有烧香祭拜太阳神的习惯。由于本地的盐泥有限，海盐县长川坝一带的灶民需要经过钱塘江到江对岸的余姚、慈溪等地购买盐卤，为了能够安全

---

① （清）蒋兆奎：《河东盐法备览》卷十二《艺文》，马理《河东运司重修盐池神庙记》。

到达，灶民在盐船下海前常常在船头祭拜潮神。每年农历八月十八，俗谓"潮生日"，盐民在此日有祭拜潮神的习俗。此外，由于盐业生产的数量和质量皆由烧盐的灶来决定，浙江海盐的灶户便将信仰寄托于烧盐的盐灶上，并将其神化后奉为盐灶神，每年过年进行祭拜。

其他地区对盐神的崇拜往往是把人物拟神化，是有具体形象出现的，而岱山盐民的崇拜则有所不同，岱山盐民对增头神的崇拜反映了盐民在食盐生产过程中对产盐工具类物体的崇拜。"增"在古代海盐生产中起着十分重要的作用，北宋词人柳永在昌国县（今浙江舟山）担任盐监时曾写下《煮海歌》，诗云："风干日曝咸味加，始灌潮波增成卤。"海岛相比内陆，自然环境因素变化甚多，增在制盐的过程之中不可或缺。在海盐制取的过程中，增里堆满咸泥，然后挑海水浇灌在上面，增下渗透出的卤水就可以用来煎盐或者晒盐了。增内咸泥和海水的质量决定了卤水的质量，因此岱山盐民对增神的崇拜也就顺理成章。每年三四月份，准备制盐的盐民在开工前，就会先到各自的增旁祭拜增头神。

盐业生产活动必然会对人的精神生活与当地的信仰习俗产生影响，从两浙盐区一些寺、庵、祠堂名称以及祭祀的神灵，都能看到盐文化的痕迹。如宋代在象山设置玉泉盐场，至明清时期仍沿用。盐民在此建造了多座庙宇，如"盐司庙""盐仓庵""咸水祠堂"等，即使有些庙名无"盐"的标记，但其所祭祀神灵都是盐民们信仰的盐神。如宁波市象山县杉木洋村常济庙供奉的是"盐熬菩萨"，昌国大庙、南堡大庙、石浦三星庙、关头庙等供奉盐神刘晏。除此之外，还有其他的海神庙、潮神庙、龙王庙等庙宇。这一切说明两浙盐文化已经渗透到宗教信仰之中，盐神庙就是盐民追求精神信仰、祈求神灵庇佑的产物。

（一）两浙盐业庙宇的特点

在清代两浙盐场中，每一个盐场均设有用于祈求风调雨顺、盐业丰收的庙宇，对清嘉庆《两浙盐法志》盐场中的庙宇建筑进行分析可发现，这类建筑的选址主要有以下两种情况：一种位于靠近海塘处，由前文可知，两浙的海岸线一直处于变化之中，海潮的变化时刻影响着盐业的生产，而海塘具有保护盐场不受潮灾侵害的功能。盐官和盐民除了修筑海塘自保外，还将食盐的丰收寄予神明庇佑，因此，在海塘附近建造了许多海神庙、关帝庙、娘娘庙、镇海庙等。另一种位于场镇中水运的重要节点处，选址于此的目的是祈求在运输过程中一路平安，盐船能够顺利地到达目的地。两浙盐区内部分神庙的分布位置可参见表4-3所示。

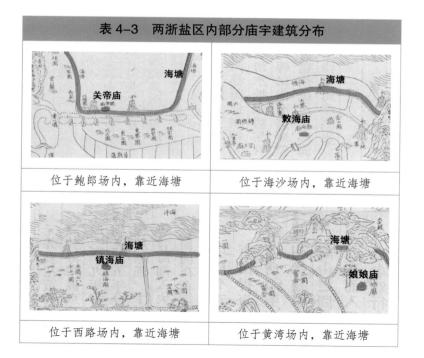

表4-3　两浙盐区内部分庙宇建筑分布

位于鲍郎场内，靠近海塘	位于海沙场内，靠近海塘
位于西路场内，靠近海塘	位于黄湾场内，靠近海塘

（续表）

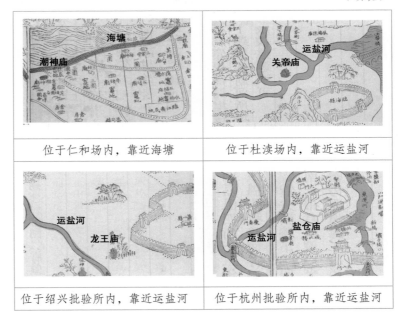

位于仁和场内，靠近海塘	位于杜渎场内，靠近运盐河
位于绍兴批验所内，靠近运盐河	位于杭州批验所内，靠近运盐河

（二）案例分析

盐官海神庙位于嘉兴海宁的盐官镇。早在西汉初年，吴王刘濞就在浙江海盐县西南境（即今盐官镇）设立了盐官（司盐之官），后相沿为地名。因为此地南部紧靠钱塘江，海水资源丰富，自古便是煮盐的场所，清朝为黄湾场、西路场的所在地。

海神庙现位于盐官古镇春熙路东端，是江浙地区现存规模较大的官式建筑群，清雍正年间由浙江总督李卫奉旨修建，殿内供奉浙海之神。

空间特征：海神庙共分九院，布局规整，有三条轴线，其中中轴线上有庆成桥、山门、仪门、正殿、御碑亭、寝殿等。各殿之间以甬道相接。东侧有天后宫，宫前为戏台，后为道院，西侧为风神殿，殿后为池，池上筑平台，过桥为高轩，轩西为道士栖止之所，后又有戏台、水仙阁及敞厅、耳房等（图4-15）。海神庙几经毁修，现仅存汉白玉石坊、汉白玉石狮、山门、仪门、正殿、东西配殿、御碑亭和寝殿等。

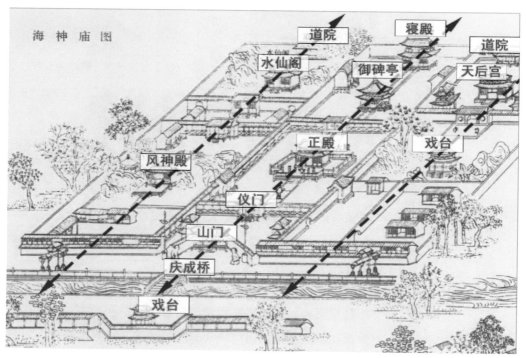

图4-15　原盐官海神庙空间布局

现存建筑在轴线上依次布置山门、仪门、正殿和御碑亭，正殿前院左右为东西厢房，两旁植物景观亦对称布置（图4-16）。其中正殿坐北朝南布置，面阔五间，为重檐歇山顶（图4-17）。入口两侧对称的水体和牌坊烘托出主入口的恢宏气势（图4-18）。轴线尽端的御碑亭为八角重檐尖顶。

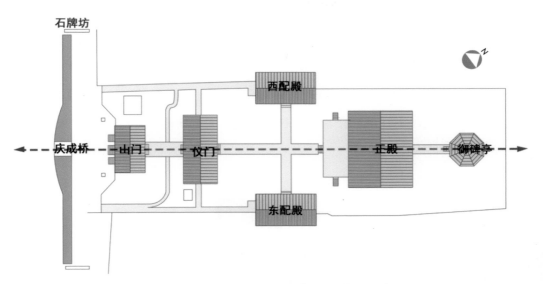

图 4-16 海神庙现存建筑总平面图

图 4-17 盐官海神庙正殿

　　装饰特点：盐官海神庙的牌坊、石狮、御碑、石栏、柱
础与正殿廊柱等均采用上等汉白玉，在江南地区属于罕见。
这类构件与其他石构件都经过精雕细琢，饰龙纹、海潮纹等，
生动传神。作为木构件的额枋、天花、斗拱、屏风板等亦施彩绘、
图案，纹饰精美。正脊、博脊有多处雕塑，并有大量砖雕，
雕工精细，造型优美。

A. 水池与仪门　　　　　　　　　　　　　　　　　B. 御碑亭

图 4-18　盐官海神庙水池、仪门和御碑亭

二、盐业会馆建筑

会馆作为中国传统建筑的一种特有形式，具有多种功能。盐业会馆一般由商人共同集资建造，对盐业商人来说，会馆一方面便于商人及时获得浙盐销售的相关政策和价格信息，以利于同业交流沟通。另一方面也有"襄义举，笃乡情"的社会功能，因而它一般分布在两浙盐运线路上的重要节点处。

盐业会馆除了有以上作用外，也有祭祀功能。因各地实际情况存在差异，两浙盐区内陆盐商建立的会馆祭祀大殿中多供奉关帝，而沿海盐商建立的会馆大殿中多供奉天后。

（一）两浙盐业会馆的特点

两浙地区的盐业会馆尽管大小不一，但在空间布局上与盐商宅居有着相似的特征。会馆多纵向按轴线对称布局，形成串联式院落，单体建筑以间为单位，一般由三五间构成矩形基本单元。盐业会馆往往建造在商业经济发达、交通便利的城镇中心，商人为了凸显自己的实力往往重点打造入口空间，大门多采用砖砌门楼的形式，高大且装饰精美。

会馆建筑的祭祀功能和表演功能是必不可少的，因此用于娱乐的戏台和祀神的殿堂是会馆建筑群中的两个主体建筑。在建筑形态方面，会馆建筑一般借鉴住宅的合院式，采用庭院式布局，形成中轴对称的空间特点。中轴线上多为两进以上院落，前进院实现"合乐""祀神"功能，后进院落实现商务功能。

第一进院落内在中轴线上布置山门、耳房、厢房、戏台和大殿。为了凸显神至高无上的地位，祀神的主殿体量较大，多采用重檐屋顶和围廊式平面。狭小的院落中伫立着巨大的主殿，让人肃然生畏。因为第一进院落多为集会、观戏、娱乐等公共活动场所，所以院内空间较为开阔。有的会馆还有两个戏台，前戏台主要为"娱神"，后戏台则为"悦人"。第二进院落的主体是议事厅，是各地盐商同乡聚会、议事、歇息的地方。

在空间组织方面，两进院落以大殿为界，大殿前院为公共空间，对外开放，其氛围较为热闹，为集会看戏的公共场所；殿后则主要为商人办公、议会场所，其空间较为私密，尽端为议事厅，并不对外开放。由此可以发现，会馆作为具有祭祀功能的建筑，其中轴对称、等级分明、内外分界的空间特点，充分体现了封建礼制思想在建筑方面的影响。

（二）案例分析

1. 宁波庆安会馆

宁波庆安会馆地处奉化江、余姚江、甬江交汇的三江口东岸，三江口凭借优越的地理位置成为明清时期商人运输盐粮等物资的汇聚地。会馆为甬埠北洋船商及盐商捐资创建，既是祭祀天后妈祖以保佑海航平安的殿堂，又是船商、盐商聚会的场所。

平面布局：宁波庆安会馆平面呈纵长方形，坐东朝西，沿纵轴方向层层推进，轴线上依次布置有照壁、宫门、仪门、前戏台、大殿、后戏台、后殿，大殿处在整个会馆的中心位置，殿内祭祀天后妈祖，会馆内部左右侧则对称布置厢房、耳房及附属用房（图4-19），使整个建筑形成中轴对称、层次分明、等级有序、动静分离的空间布局（图4-20）。

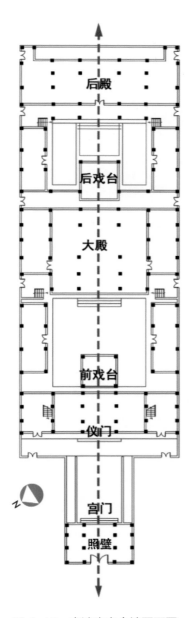

图 4-19　宁波庆安会馆平面图

图 4-20　宁波庆安会馆入口

空间特征：进入庭院内部，因为每栋建筑台基和地坪的逐步抬高，使得建筑群外部轮廓更加富于变化，且屋顶层次分明。朝向正大殿的戏台即前戏台（图 4-21），为歇山顶，筒瓦覆面，翼角起翘。台内藻井为穹隆式结构。戏台左右两侧为前厢房，面阔四间，楼下敞开式，檐口用方形石柱，磨砖砌筑的内墙。与正殿分隔的马头墙垛头部分装饰砖雕人物、花草等图案。正殿为三开间、重檐硬山顶（图 4-22），明间抬梁式，次间、梢间穿斗式，前设双廊卷棚顶，五马头封火山墙（图 4-23）。后戏台建筑形制与前戏台基本相同，前、后戏台交相辉映，共同烘托出高大雄伟的正殿，显示出庆安会馆庄严、气派的建筑外观。

图 4-21　宁波庆安会馆戏台空间

图 4-22　宁波庆安会馆主体大殿

图 4-23 宁波庆安会馆封火山墙

装饰特点：在建筑的装饰方面，宁波庆安会馆的"三雕"艺术可谓独具匠心（图 4-24）。砖雕主要分布在门楼和内部

图 4-24 宁波庆安会馆细部雕刻

高大的马头墙垛头之间，以民间传说中的三星、八仙、九老和戏剧故事为主要内容，配以各种动物、植物和几何图案，惟妙惟肖。石雕艺术集中反映在大殿的一对蟠龙石雕和一对凤凰牡丹石柱上，其采用了高浮雕和镂空浮雕相结合的雕刻技术。木雕作品在宁波庆安会馆的"三雕"中规模最大、数量最多。每座建筑的木结构上，如房檐的枋、斗拱、雀替、挡板等，上面都充满精美的木雕作品，题材比较广泛、内容也很丰富。

2. 宁波安澜会馆

宁波安澜会馆位于宁波市区三江口东岸，与庆安会馆南侧仅一墙之隔。由从甬埠前往南洋的船商于清道光六年（1826年）创建，这些船商同时运销木材、烟叶、白糖、药材、食盐等。安澜会馆是祭祀天后妈祖的殿堂和商人举行集会的地方。

平面布局：中轴对称的平面上布置着宫门、前戏台、大殿、后戏台和后殿。大殿为主要建筑，位于会馆的中心，两侧为厢房（图4-25）。整个建筑坐东朝西，宫门是五开间硬山顶；前戏台是歇山顶建筑；大殿是安澜会馆的核心建筑，五开间硬山顶；后戏台是歇山顶建筑；后殿是五开间抬梁式硬山顶建筑。

空间特征：宁波安澜会馆的大门不设门楼，而是由砖砌的三道石库门构成（图4-26）。入口处理得相对干净利落，不像庆安会馆那么精致、复杂多变，进门之后的建筑就是前戏台。会馆内的前戏台宽深各5.26米，高2米。安澜会馆虽然比庆安会馆要小，但建筑雕刻风格却较为厚重，贴金雕花并不繁复。后戏台采用四卷棚围八角攒顶的藻井，戏台宽深仅4.7米，故这座议事厅戏台只能排演小戏，看戏的戏场也不宽敞，相较于庆安会馆，安澜会馆显得更加精巧（图4-27）。

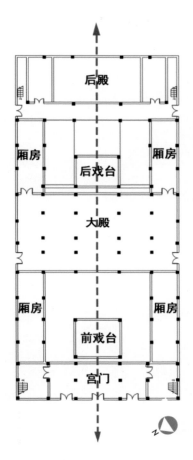

图 4-25 宁波安澜会馆平面图

图 4-26 宁波安澜会馆入口大门

图 4-27 宁波安澜会馆戏台、大殿、厢房

第四节
制盐建筑

两浙盐区的盐场不是完全在露天情况下进行生产的，其煮盐时需要建造房屋以遮风挡雨，煎煮好的盐也需要房屋储存，因此盐民便建造了灶舍、便仓、池井屋等制盐建筑。

一、制盐建筑选址与布局情况

由《熬波图·各团灶座》我们可以得知，在建设盐场时，首先要相地选址，规划灶团的建设地点，将两三个灶合并为一个灶团。为防止私盐外运，灶团院落四周要修建围墙，围墙外开挖防护壕沟，院落中修筑灶舍、储盐便仓和池井屋等制盐建筑，院落大门处有官兵警戒守护（图4-28）。

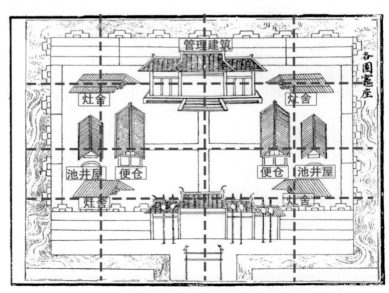

图4-28　《熬波图》中的场内灶舍空间关系与制盐建筑布局

115

二、制盐建筑特点

（一）灶舍

由于盐场内每天煎盐不断，为了使炉灶不受风吹雨淋，需要在煎盘上加盖灶舍，同时为了使灶内的火更加旺盛，灶舍的门都朝东南，以便利用夏季的东南季风，也可使灶民免受烟熏火炙之苦。

特点：铲平高地后立大柱搭梁，梁上放置檩条，檩条上再用"苦作"的手法将茅草覆盖在上面，灶舍外有泥筑的矮墙圈，并开挖出灰口（图4-29）。此类房舍一般比较高大，属于中档制盐建筑。

图4-29　《熬波图》中的起盖灶舍图

（二）便仓

各团从灶舍里面煎出的盐需要有地方储存，由于灶团离总仓远近不一，有的地方会因为河道缺水或者暴雨阻碍不能及时运盐，因此各灶舍都会在自己的煎地内盖五到七间便仓来储盐，以备不虞。

特点：因为要满足储存食盐的需求，所以便仓一般都要有防雨、防风、防虫等功能，建造要求较高，因此便仓四周多用砖砌筑，屋顶用瓦覆盖（图4-30），属于高档制盐建筑。

图4-30 《熬波图》中的修造便仓图

（三）池井屋

将引入灶港的海水用铁盘煎煮前还要在卤水池或卤水井中过滤，为防大雨的冲刷，需要在卤水池或卤水井上建造挡雨屋，即池井屋。

特点：作为遮风挡雨的功能性建筑，因为没有人在池井屋内居住，也不会像灶舍、便仓那样有人经常在屋内劳作，所以池井屋在建筑体量、结构、材料方面都尽量做到小巧、简单、节省，如池井屋的竹桷椽、短木梁柱、芦苇篱墙和茅草屋顶等，其材料都是本着能省则省、能简则简的原则，属于低档制盐建筑。

由以上可见，制盐建筑因功能的不同，其形态构造、材料选择也有所不同，但这些建筑的选材都会因地制宜，如两浙产盐地靠近海边，故茅草、海草资源较为丰富，当地匠人在建造房舍时也多随地取材，物尽其用，如《熬波图》记载："梁柱椽桷俱用巨木，缚芦为稉，铺其上，以茅苫盖，后筑短墙围裹。"

文教类建筑

通过前文分析已经得知，在两浙盐区活动的盐商以徽商为主体，他们远离家乡经营盐业，子女的教育问题便成为亟待解决的问题之一，而且受"士农工商"四等阶层思想的影响，徽商在积累丰厚的财富后就会想方设法地提升自己的政治地位。因此，这些在两浙经营盐业的徽商便积极投身于文化教育建设，出资建造了不少文教类建筑，其中最具代表性的就是书院，目的是让自己的子女通过教育步入仕途。著名的杭州崇文书院、正学书院和无锡紫阳书院等，就是盐官或徽州盐商集资所建。

一、书院类型

从书院创办人的身份来看，既有在朝当权的盐官、大使等官员，也有因经商而称富宇内的徽州盐商，还有盐商宗族中有名望的族裔。两浙盐区盐商所建书院大致可分为官办、族办、私学三大类型（表4-4）。

表4-4 两浙盐区盐商所建书院类型一览表

书院类型	官办	族办	私学
办学宗旨	科举仕进	完善个人品德、修养、学识	开展个人的基础教育
经费来源	政府资金	稳定的民间集资	有限且不稳定的民间集资
教育对象	上层社会的官家、盐商子弟为主	下层社会的平民、盐商子弟为主	下层社会的平民子弟为主
教育制度	科举仕进的应试教育，系统专业管理	较为制度化、有计划性	制度差异大、无计划性

官办书院如杭州崇文书院，它的创建与"商籍"有密切关系。明万历年间，巡盐御史叶永盛向朝廷奏议，在外经营的盐商虽有大量钱财，但其子弟却因为户籍问题无法参加科举，要求给盐商另置商籍，等同落户，朝廷批准了这个奏议。从此，"商籍"的确立使盐商子弟获得了参加科举考试的资格。叶永盛每逢春秋公务之暇，便召集徽州籍子弟聚于跨虹桥桥西的湖面画舫中，亲自为其授课，并现场出题考课，此被称为"舫课"。叶永盛调离杭州后，徽商在跨虹桥桥西侧岸边建院舍，称其为"紫阳崇文书院"，继续沿用叶氏舫课形式课考学生。康熙四十四年（1705 年），康熙帝南巡，为书院御题"正学阐教"匾额，并题榜"崇文"，书院遂更名为"崇文书院"。

又如紫阳书院位于杭州紫阳山脚下，它建于清康熙四十二年（1703 年），为两浙都转盐运使高熊征和盐商汪鸣瑞等斥巨资建造。起初，它被命名为紫阳别墅，是商家子弟进行文化教育和祭拜朱子的地方，后来更名为紫阳书院。据《两浙盐法志》载："中为乐育堂，奉朱子木主；后为讲堂，东为凌虚阁，皆诸生诵习之所；又折而东为春草池，上有校经亭，又上为看潮台、寻诗径；其巅为文昌阁，又有小瞿塘、石蕊峰、鹦鹉石、笔架峰、螺泉、葡萄石诸胜。"杭州紫阳书院秉持着朱熹亲自制定的白鹿洞书院学规，具有缜密完整的书院教育经营制度，多延当时耆师宿儒为讲席教授，在教育商籍人员子女方面发挥了积极的作用。

族办书院在徽州更为普遍，"贾而好儒"的徽州盐商为了使自己的族人有更好的学识品德，便在家族本地创办了许多书院，如歙县雄村的竹山书院、黟县宏村的南湖书院。私人书院常常采用游学的方式。

二、书院建筑的特点

（一）平面布局

两浙书院平面布局主要分为两类：中轴对称的平面形态和相对自由、非轴线对称的平面形态，与官署建筑较为相似。

1. 中轴对称的平面形态

书院作为传播中国传统文化的教化场所，受传统礼制文化的影响较深，一般呈对称布局，在中轴上按等级依次布置讲堂、藏书楼、祭祀区等。以合院形式组成建筑的基本单位，多为一到五进院落。如桐乡立志书院，中轴线上依次对称布置大门、天井、讲堂和笯云楼（图4-31）。杭州万松书院以讲堂为主体，在中轴线上分别布置了大门、牌坊、讲堂、大成殿等建筑（图4-32）。

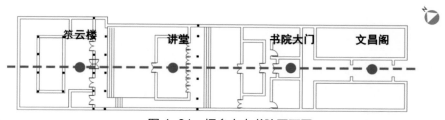

图4-31 桐乡立志书院平面图

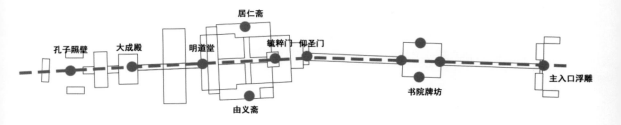

图4-32 杭州万松书院平面图

2. 相对自由、非轴线对称的平面形态

书院在修建时，既要考虑自身的功能需求，又要因地制宜，有时就会形成多轴并联排列布局，如有的书院基地南北纵深过窄，为了满足功能需求只能寻求横向布局，原本应该串联在同一条轴线上的讲堂、藏书阁、祭祀建筑、厢房被分割开来，形成多条轴线并联的格局。如杭州崇文书院整体建筑就是朱子祠与讲堂两轴并列布局（图 4-33）。

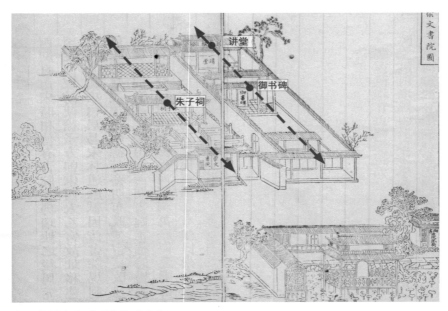

注：底图来自《两浙盐法志》。

图 4-33　杭州崇文书院布局图

除了多轴并联排列之外，还有一些书院采用主要功能空间沿轴线布置、辅助功能空间则依照地形走势灵活布局的方式，这种组合方式使得建筑内部空间层次更为丰富，得到了不同的景观效果。如杭州紫阳书院，整体布局坐北朝南，建筑空间由几个四合院拼凑而成，用以讲学和祭祀的乐育堂和文昌阁布置

在主轴上，建筑材质以石、砖、木为主，并配有硬山顶。青草
池、凌虚阁、钓鱼矶等则布置在书院的次轴上（图4-34）。

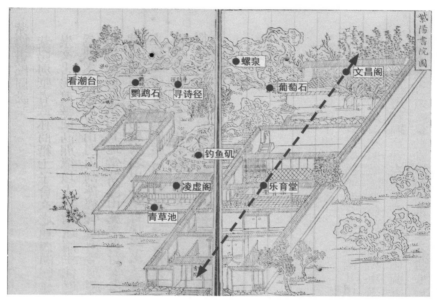

注：底图来自《两浙盐法志》。

图4-34　杭州紫阳书院布局图

（二）空间特色

　　讲堂作为书院教学的主要场所，为了突出其重要的地位，
一般位于建筑中心位置，并以山门、院落作为陪衬。祭祀大殿
作为书院的精神活动场所，为了营造庄重幽静的氛围，一般位
于讲堂后。

　　藏书楼作为书院的重要标志，建筑层高一般为二层到三
层，且体量较大，基本位于建筑轴线的尽端。这种有序的空间
布置呈现出开始—发展—高潮—结尾的结构。如万松书院就是
按照这种布局由大门、牌坊、讲堂空间、祭祀空间、平台构成
了完整的空间序列（图4-35）。

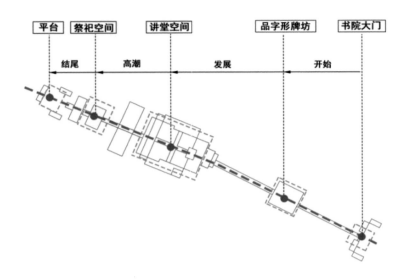

图 4-35　万松书院空间序列图

三、盐商书院的案例分析

（一）雄村竹山书院

位于歙县雄村的竹山书院，为清乾隆年间由曹氏家族兴建的书院，保存相对完整。雄村原名洪村，元代末年曹氏家族迁入，取《曹全碑》"枝叶分布，所在为雄"句，更名雄村。雄村曹氏世代经营盐业，到曹堇饴时已是歙县首富，为两淮八大盐商之一。此公笃信"四民之业，惟仕为上"。清乾隆二十四年（1759年），他的儿子遵循他的遗愿，建成了雄村的竹山书院，并捐学田，延名师，奖励家族子弟奋发读书。

平面布局：竹山书院布局"巧而得体"，其总平面呈狭长形。整座书院建筑群由"学社建筑"与"文会园林"两大部分组成。书院的学社建筑区整体平面由三条东西向轴线组成：第一条轴线上布置门厅、南北两廊、天井和讲堂，为主要的讲学功能区；第二条轴线上布置藏书楼、天井、书斋、天井和厨房，为生活区；第三条轴线上布置眺帆轩、香堂、牡丹圃（图4-36、4-37）。三条轴线并列布置，通过廊和天井将三条轴线紧密相连，在功能使用上又可以做到互不干扰。书院北部区域为文会园林区，平面主轴线近南北向，布局相对灵活自由。自北向南轴线上依次布置春风阁、百花头上楼、清旷轩。北部区域的建筑群与回廊、眺帆轩等共同围合出园林的自然空间——桂花庭，文昌阁偏在一隅，成为庭院的核心建筑。

竹山书院的主要特征为：其一，书院规模较大，主体建筑布局严谨，按照等级性、秩序性呈多轴线并联排列。其二，讲学区和园林区功能分区明确，相互联系却又互不干扰。其三，辅助空间与庭院因地制宜，自由组合，空间丰富多变。

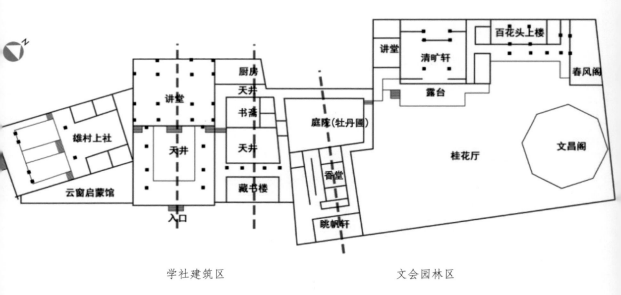

图4-36　竹山书院平面图

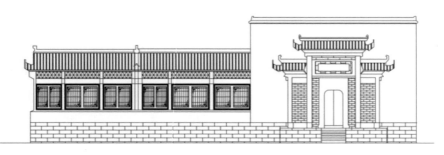

A.竹山书院立面图

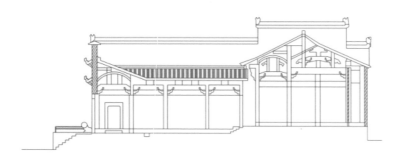

B.竹山书院剖面图

图4-37 竹山书院立面图、剖面图

（二）杭州文澜阁

　　杭州文澜阁其前身为圣因寺藏经阁。乾隆五十二年（1787年），乾隆皇帝下旨将《四库全书》运抵杭州，交文澜阁收藏，并对外开放藏书，允许文人墨客抄阅。咸丰十一年（1861年），文澜阁毁于战火。到了光绪七年（1881年），时任浙江巡抚（兼管理盐政）的谭钟麟在原来的基础上重建文澜阁，并增设了厅堂、亭台、假山等附属物，文澜阁建成后归两浙盐运使掌管，现属浙江省博物馆。

平面布局：文澜阁的布局顺应了地势的高下，各建筑沿中轴对称布局，自南向北依次为垂花门、假山、御座房、水池及文澜阁主楼（图4-38、图4-39）。在主轴线上，主体建筑位于序列的尽端，通过假山、水池烘托出文澜阁的主体地位。在次轴序列上为厢房、御碑亭和罗汉堂，主、次轴上的建筑采用了不对称的园林化布局，各个建筑之间皆由游廊相连接。

空间形态：文澜阁内部空间布局体现了"以小见大"的江南园林风格。从垂花门进入院内，首先映入眼帘的是一座建有亭台的假山，假山如影壁一样，既遮挡了人们的视线，又将空间复杂化，人们需要绕过假山才能抵达后面的御座房，从而延长了人们停留观赏的时间，达到了移步易景的目的。过御座房后为一片水池区，池后便是文澜阁主楼。此刻假山处的狭小和水池处的开阔形成对比，给人豁然开朗之感（图4-40）。文

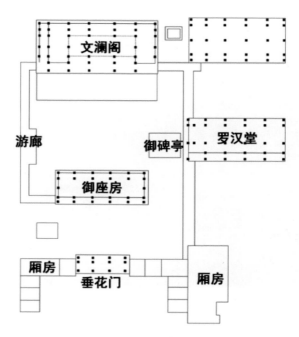

图4-38 文澜阁总平面图

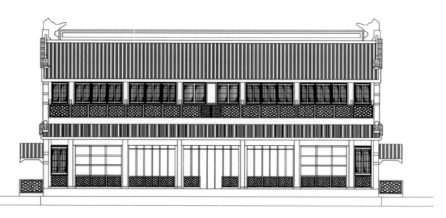

图 4-39　文澜阁立面图

图 4-40　文澜阁院落前水池

澜阁将自然环境与建筑有机地融为一体，把藏书楼营造成了一座雅致的江南园林。

建筑主体：文澜阁建造时吸取了宁波天一阁"上通为一，下分六间"的设计理念。阁前设置水池用于防止火灾，文澜阁现为硬山顶（从嘉庆《两浙盐法志》上看，原阁为歇山顶，图4-41），阁脊两端为龙头，建筑宽六间，进深五间，楼梯设在主楼西侧的开间之内，房屋明两层，内中夹一暗层，明间、次间天花为苏式花鸟彩画，其余均为淡蓝素色。

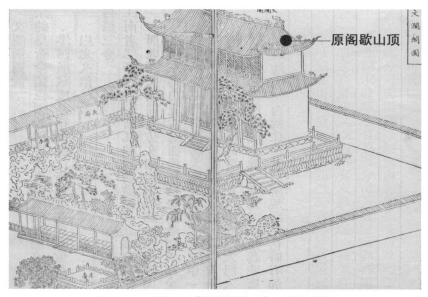

原阁歇山顶

图4-41 清嘉庆《两浙盐法志》中的文澜阁

第五章

两浙盐运分区与建筑文化分区

两浙建筑文化分区的形成
及其与盐运分区的对比

　　春秋时期，东南地区大致分属吴、越、楚管辖。战国时，越灭吴，楚灭越，东南全境最后都归属楚。不论是吴国、越国，还是楚国，都和中原各国在经济、政治、文化方面有着频繁的交往。

　　秦始皇和汉武帝相继统一长江以南的百越，越族势力逐渐衰弱。秦汉两代曾强令越人从浙东迁到浙西，如《越绝书》卷八载，秦始皇时，"徙大越民置余杭"。受黄河流域频繁的战争和自然灾害的影响，东汉末年大批北方汉人迁徙到了江淮地区或者太湖以南吴郡、吴兴郡、会稽郡三郡，也有一些进入金衢盆地和抚河流域。这一时期浙江西南部的开发活动出现引人注目的进展，中原移民沿着钱塘江上溯，经其两岸的沃土转入支流的河谷。此时的移民多为宗室贵族、文人学者、官僚地主，主要集中在长江下游的浙江和江西一带。进入东南沿海区的人口还是较少。两晋的持续战乱，促使大批中原汉人继续南迁，今山东、江苏、安徽的部分人民沿淮水而下，越过长江到达太湖流域、浙江和福建。这一时期，浙南区域没有太大的变化，移民不再顺海岸南进，因而始终未能到达浙闽边界。

　　唐朝中叶以后，北方战乱频繁，安史之乱造成的移民南迁使得江南各地的发展进一步加快，全国经济重心开始南移，浙江金衢盆地和浙南山区得到进一步开发。两宋时期，北方少数民族政权兴起，汉族世家继续南渡，我国经济重心完成南移。

尤其南宋时期，杭州作为国都，对于两浙乃至整个东南地区的开发都起到重要带动作用。

根据以上迁徙过程的路线看，北方移民最早进入的是长江三角洲的宁绍平原、金衢盆地、江西盆地和珠江三角洲，然后才分别从北、西、南三面进入浙南、赣南、福建和粤东的丘陵山地。在数次迁徙浪潮中，形成了我国南方汉族的五大民系：越海系、湘赣系、闽海系、广府系和客家系。由于我国唐宋以来的州和明清以来的府大部分保持稳定，所以这五大民系的宏观地域分布格局在宋代基本形成后，后世改变很少。到明末清初，五大民系的微观分布格局也基本定型。

在五大民系的分布区内自然也相应形成了建筑文化分区。越海系建筑文化分区分布在江苏东南部、安徽西南部、浙江大部分地区和江西东北部，福建浦城县也有部分属越海系。越海系建筑文化分区和闽越系建筑文化分区在浙南鳌江下游和飞云江上游分界，在福建浦城分界；越海系建筑文化分区和湘赣系建筑文化分区在赣东北信江上游分界。皖南徽州府也属越海系建筑文化分区。另外，苏浙皖边区有一大片灰色地带，主要是由于近代移民造成的。

学者余英在《中国东南系建筑区系类型研究》一书中，将越海系建筑文化分区又根据建筑类型（形制、结构、造型）、相同或相近的文化环境、地域内的社会发展程度、地理位置单元、方言和生活方式等因素划分为浙北建筑文化区、徽严州建筑文化区、温州建筑文化区、台州建筑文化区和浙西南建筑文化区，除浙北区为文化核心区外，其他四地皆为文化亚区（图5-1）。

（1）浙北建筑文化区，亦称太湖区，在东晋南朝为会稽、吴郡、吴兴。该区是越海系中最大的一个区，包括浙江北部的

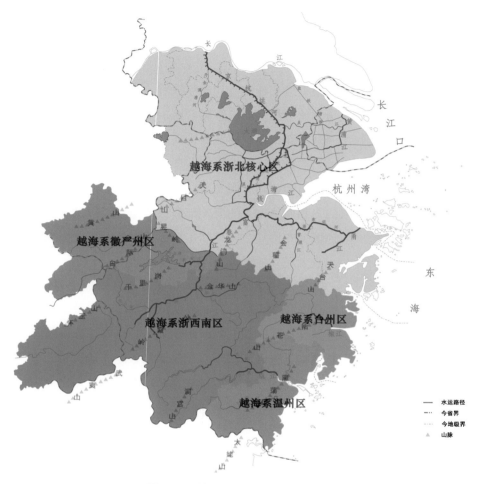

图 5-1 越海系建筑文化分区示意

杭嘉湖地区、浙东的宁绍地区和江苏南部的太湖周围地区。

（2）徽严州建筑文化区主要指明清徽州府、建德府以及江西东北部一带。

（3）浙西建筑文化区主要指金华府、处州府、衢州府以及江西上饶和福建浦城县的北部。

（4）温州建筑文化区即指明清温州府范围。

（5）台州建筑文化区即指明清台州府范围。

这种建筑文化分区与行政分区和自然因素均有一定联系，但仍主要以行政分区为建筑文化分区的边界。太湖区面积最大，一方面是因为太湖平原有较大的同质自然环境，另一方面是因为历代移民均经过这一地区，使太湖区成为一个完整的区域文化圈。台州区的分布范围大致和椒江流域相当。括苍山隔断了台州区和温州区，雁荡山脉的南北走向又使温州区成为浙南的独特一支。浙西南（金华、处州）区虽然自然地理环境较为复杂，但由于此区也是历次移民南下的必经之区，再加上明清时期的商业活动和文化交流，使得这一区处于同一经济区范围之内。以行政分区作为建筑文化的分区并不是绝对的，因为历史上一些州县的辖境经常变化，如婺源今属江西，但当地的建筑风格却与该省其他地区迥异，而与徽州的建筑风格大同小异，这是因为婺源过去在行政上是隶属于徽州的，在民国时期才划归江西省。

将前文的两浙盐运分区图（图2-1）与越海系建筑文化分区图（图5-1）对比可以看到，两者在宏观层面的划分上有一定的共性，但在具体范围上则差距较大。两浙盐运分区的划分完全打破了行政区域的边界，它更多的是依据食盐运输的便利程度和运输时间来划分的。地理位置、地形环境和交通条件是决定一个地区被划分至哪一个盐运分区的决定性因素。如金华府的永康、武义、东阳三县食从台州批验所运输的盐，而金华府其他州县皆食由绍兴批验所运输的盐。这是因为永康、武义、东阳三县与金华府的北部之间有一道山脉阻断，通过台州的皤滩古镇由水运转陆运，再经苍岭古道，相较由绍兴批验所运输更为近便。

又如诸暨、义乌、浦江三县因为龙门山脉相隔，无法直接沿钱塘江经富阳关盘验运输食盐，而是沿着钱塘江支流浦阳江单独由诸暨关进行盘验运输食盐。

第二节
两浙盐区内的建筑文化交流

　　盐商作为两浙食盐的主要运销群体，其长年累月在两浙盐运古道上的运输和经营活动打破了固有的行政分界，推动了沿线地区的经济和文化交流，同时也带动了各地建造技术和建筑文化的传播与交流融合。

　　以两浙盐区的天井为例。徽州地区地貌以山地和丘陵为主，其耕地和居住面积都十分紧张，因此徽州建筑空间布局比较紧凑。在这种环境下产生的徽州天井一般与厅堂连接十分紧密，其天井的深宽比约为 1∶2，平面多为半丈深、一丈左右宽的扁长方形，更像一种"室内化"的室外空间。徽州天井能够节省空间，通风纳凉，又可成为厅堂的过渡灰空间。随着徽商在两浙盐区以杭州和徽州为中心向周围辐射，从事盐业经营活动，徽州天井也通过盐运古道在两浙盐区流行开来（图5-2）。江苏的惠山古镇、同里古镇、周庄古镇，浙江的南浔古镇、塘栖镇、西兴古镇、盐官镇、鸣鹤镇、清湖镇，安徽的宏村、棠樾村等，有些地方虽然位置较为偏僻，但因处在盐运古道线路上，都能从中看到徽州天井的影子。两浙盐区还存在另一种天井形式——苏州天井。苏州天井尺度较大，深宽比约为 1∶1，平面为单边两丈多的正方形，室内与室外的空间过渡大多由"前轩"或者"后廊"完成。苏州天井的采光、通风与排水防火功能较好（图5-3）。

图 5-2　苏州留园内的徽州天井

图 5-3　湖州南浔古镇内的苏州天井

　　由于盐商的食盐运销活动，这两种天井建造形式便在两浙盐区内传播交流开来。两浙盐区经杭州批验所批验，通过江南运河、钱塘江水系运往杭嘉引盐区、杭绍引盐区的食盐量最大，所以这两条线路上的建造技术和建筑文化交流也最为频繁。以杭州、嘉兴、湖州为核心地区的杭州民居的天井形式就比较复杂，既有着和苏州天井相近的深宽比为 1∶1 的天井，也有着和徽州天井相似的深宽比为 1∶2 的天井，同时还有与浙东宁绍平原上的天井相近的深宽比为 3∶4 的天井。这正体现出建筑文化的相互影响与相互交流。

两浙盐运古道不仅是两浙地区古代的物质交换与移民通道，更是文化与技术传播的通道，是一条条重要的文化线路。包含着经济、地理、社会、历史、建筑等多学科信息。但在我们调研时发现，许多沿线传统聚落与建筑都已随着现代化工业进程的发展而逐渐消失，令人惋惜不已。本书将两浙盐运古道上的聚落与建筑置于两浙盐运活动的大背景下，观察其整体共性，探讨文化与建筑的互动关系，挖掘和展现两浙盐运古道的丰富内涵，目的即在于期望引起更多的学者、机构、社会公众来共同研究和保护两浙盐运古道，使其能够得到更多保护与合理开发。

附录

两浙盐区行盐一览表

分司名称	批验所名称及位置	今属地市	盐场名称	盐场位置	运盐方式（由场到所）及路径	由所到县
宁绍分司	杭州批验所（杭州府治）	杭州	仁和场	场署位于省城清泰门外仁和县会保五图观音堂。场界：东至海宁州、许村场界，西至富阳县界，南至钱塘江，北连仁和、钱塘二县地界	仁和场引盐赴犟银跳观仓，由百脚港过会元坝盘卸下河，进艮山水门抵达批验所；赴犟三团仓，由乔司镇水运过打铁关，进艮山水门抵达批验所；赴犟范翁等仓，由临平大河过东新关，进艮山水门抵达批验所。其中仁和、钱塘肩贩各由银跳观、三围团、范翁等灶舍支盐，向上走由徐家埠观音堂马路口，向下走由乌龙庙进清泰、望江二门，在仁和、钱清交易的场所行销。余杭的肩贩专门从银跳观团灶支盐，从清泰门进、从武林门出，由观音关过严衢塘直接抵达余杭	杭州批验所的场盐从艮山水门进入，停泊在太平桥等候检验，检验完停靠在得胜坝、猪圈坝等候开运。运往浙东的盐过猪圈坝进入武林水门，经中河出凤山水门到江干闸口过江坝。运往浙西的盐过得胜坝，经官河出北新关行销各州县

（续表）

分司名称	批验所名称及位置	今属地市	盐场名称	盐场位置	运盐方式（由场到所）及路径	由所到县
宁绍分司	杭州批验所（杭州府治）	嘉兴	许村场	场署位于海宁州西安化坊。场界：东至陈坟港接西路场界，西至翁家埠接仁和场界，南至海，北至海宁州大石塘界	许村场引盐赴掣自州至郡俱属于运盐官河，其运盐支港天字堡由许村港运出官河，元字堡由杨家渡港运出官河，黄字堡由万家渡运出官河，宇字堡由万家渡、汪店港、双简渡运出官河，宙字堡自南门迤西到北门外平安桥官河，并大船各仓，捆运引盐均从备塘河由支港运出官河，直达省城到杭州批验所。海宁、石门两个州县肩贩从许村场支盐挑往临平、许村、长安、斜桥、郭店、路仲、袁花、石门等处销卖。并且兼配仁和县肩引	
	绍兴批验所（绍兴府治山阴县白鹭塘，距运司六十五里）	杭州	钱清场	场署位于萧山县凤仪二十四都钱清镇。场界：东至山阴县夹棚接三江场界，西至萧山县半爿山界，南至山阴县柯镇分界，北至海宁州公地分界	钱清场引盐赴掣由新关河西小港抵达绍兴批验所。钱清场境接萧山、山阴二县，肩贩从钱清场团灶支盐在县境挑销	绍兴批验所商盐从钱清江抵达官河，或者经过长山闸抵达批验所检验，验完后停泊在义桥、新坝等候开运，行销各州县

（续表）

分司名称	批验所名称及位置	今属地市	盐场名称	盐场位置	运盐方式（由场到所）及路径	由所到县
宁绍分司	绍兴批验所（绍兴府治山阴县白鹭塘，距运司六十五里）	绍兴	三江场	场署位于山阴县五都三图陡亹老闸。场界：东至东江场孙家团，西至钱清场任家桥，南至山阴鹿山，北至大海	三江场引盐赴掣由三江陡亹至富陵桥双庙河以及东浦、梅墅、柯桥至钱清镇，出西小港，过渔临关进猫儿口，抵达绍兴批验所	
			东江场	场署位于会稽县姚家埭。场界：东至曹娥场，西至三江场，南至山阴、会稽两县，北至大海	东江场引盐赴掣由陆山桥过梅山港，经过柯桥镇，从钱清镇出西小港，经过渔临关进猫儿口，抵达绍兴批验所	
			曹娥场	场署位于会稽县曹娥镇西扇。场界：东至金山场，西至东江场，南至会稽县，北至曹江与金山场分界	曹娥场引盐赴掣由曹娥江西岸各岸就近出场，经过钱清镇到达新关河，到绍兴批验所	
			金山场	场署位于上虞县百官镇。场界：东至石堰场，西至西汇嘴，南至曹娥场，北至大海	金山场引盐赴掣由曹娥江经过钱清镇，到达新关河，到绍兴批验所	
		宁波	石堰场	场署位于余姚县龙泉乡。场界：东至鸣鹤场杜家团，西至上虞县金山场，南至余姚县，北至海	石堰场引盐赴掣由横河中下等坝经过余姚县渡曹娥江，抵达绍兴批验所	
			鸣鹤场	场署位于慈溪县西北六十里。场界：东至镇海县龙头场，西至石堰场，南至车厩驿，北至观海卫	鸣鹤场引盐赴掣由横河堰经过梁湖坝，渡曹娥江从东关河抵达绍兴批验所	

（续表）

分司名称	批验所名称及位置	今属地市	盐场名称	盐场位置	运盐方式（由场到所）及路径	由所到县
宁绍分司	绍兴批验所（绍兴府治山阴县白鹭塘，距运司六十五里）	宁波	清泉场	场署位于镇海县崇邱。场界：东至小港口，西至杨木堰，南至象鼻山，北至龙头场	清泉场引盐赴掣由三港口经过余姚江过通明坝，从百官渡、曹娥江抵达绍兴批验所	
			龙头场	场署位于镇海县灵绪乡。场界：东至清泉场，西至鸣鹤场，南至达蓬山，北至大海	龙头场引盐赴掣东从贵胜堰经过慈溪县出场，西从宣家堰经过鸣鹤场出场，俱由余姚到上虞经过曹娥江抵达绍兴批验所	
			穿长场	场署位于镇海县灵岩乡大砚头。场界：东至定海县界，西至镇海县界，南至象山县界，北至大海	穿长场引盐赴掣由穿山浦、三江浦经过蛟门海道进入镇海关到宁郡、内江，从余姚、上虞过梁湖坝渡曹娥江，换船后经过会稽、山阴抵达绍兴批验所	
			大嵩场	场署位于鄞县大嵩城。场界：东至镇海县慈澳分界，西至奉化县界，南至象山县界，北至定海县分界	大嵩场引盐赴掣由海运经大洋转入镇海关抵达绍兴批验所	
			玉泉场	场署位于象山县王家桥。场界：东至大嵩场界，西至宁海县界，南至昌国卫界，北至湖头渡	玉泉场引盐赴掣由海运经大洋过锯门转蛟门进入镇海关，到三江口换船经梁湖、曹娥、钱清等处抵达绍兴批验所	

分司名称	批验所名称及位置	今属地市	盐场名称	盐场位置	运盐方式（由场到所）及路径	由所到县
宁绍分司	台州批验所（距运司五百七十里，不设批验大使，商盐委托台州府掣放）	台州	长亭场	场署位于宁海县长亭。场界：东至象山县西溪岭头界，西至临海县界，南至下洋涂海港，北至奉化县	长亭场引盐赴掣由白峤埠经过海港抵达台州批验所，所产的盐专销宁海，如果有余盐则海运到绍所配销	台州批验所商盐到所后等待掣验，验完开运行销各州县
			黄岩场	场署位于太平县南监庄。场界：东至黄岩、太平县海域，西至太平县界，南至松门卫太平县界，北至海门卫临海县城界	黄岩场引盐赴掣由金清镇抵达台州批验所，所产的盐行销黄岩县、太平县。如果有余盐则由金清镇在汛期时海运到乍浦，抵达嘉兴批验所配销	
			杜渎场	场署位于临海保南乡。场界：东至大海，西至分水岭界，南至海门卫界，北至黄泥山界	杜渎场引盐赴掣由蔡桥总厂经水路抵达台州批验所，所产的盐行销临海、天台、仙居、东阳、永康、武义、绥云七县，如有余盐则由海运抵达嘉兴批验所配销	
	温州批验所（距运司八百九十里，不设批验大使，因为海运风涛多阻，不用按照季节批验，可随时到随时由温州府掣放）	温州	长林场	场署位于乐清县六都。场界：东至大海，西至永嘉县界，南至海，北至旧北监场黄岩县界	长林场引盐赴掣由瓯江抵达温州批验所，所产之盐行销乐清、永嘉、丽水、宣平等县，如有余盐，则由海运运至乍浦，抵达嘉兴批验所配销	温州批验所商盐到所后等待掣验，验完开运行销各州县
			双穗场	场署位于瑞安县崇泰乡长桥。场界：在飞云江北岸者，东至永嘉场梅头分界，西至海安千户所分界，南至平阳县，北至永嘉县界	双穗场引盐赴掣，其天、地、人、东四廒由瑞安外塘河，信廒由平阳外三浦河，都经过永嘉场抵达温州批验所	

（续表）

分司名称	批验所名称及位置	今属地市	盐场名称	盐场位置	运盐方式（由场到所）及路径	由所到县
宁绍分司	温州批验所（距运司八百九十里，不设批验大使，因为海运风涛多阻，批验不用按照季节，可随时到随时由温州府掣放）	温州	永嘉场	场署位于永嘉县永兴堡。场界：东至大海，西至茅竹岭界，南至中界山巡检司，北至宁村千户所马道江	永嘉场引盐赴掣由内河至龙湾过坝抵达温州批验所，所产的盐行销温州、处州两郡。如有余盐则海运至嘉兴、台州批验所配销	
松嘉分司	嘉兴批验所（在嘉兴府南春波门外五里宋玉霄万寿宫遗址，距运司二百五十里）	嘉兴	西路场	场署位于海宁州西堰。场界：东至掇转庙，西至陈坟路，南至大海，北至海宁州水塘界	西路场引盐赴掣由东方桥、国泰桥经吕冢，过海盐、榆城、达官塘转入鸳鸯湖，进万里堰桥抵达嘉兴批验所	嘉兴批验所商盐由运盐河掣运，验完后停泊在大奚家桥外或者合欢桥、聚奎桥等候开运至各州县
			黄湾场	场署位于海宁州旧仓。场界：东至潭仙岭界，西至西路场界，南至海，北至运河水塘界	黄湾场引盐赴掣由太岳桥过条三湾，经海盐、榆城、达官塘抵达嘉兴批验所	由停河运候掣验，验完停泊

（续表）

分司名称	批验所名称及位置	今属地市	盐场名称	盐场位置	运盐方式（由场到所）及路径	由所到县
松嘉分司	嘉兴批验所（嘉兴府南春波门外五里宋玉霄万寿宫遗址，距运司二百五十里）	嘉兴	鲍郎场	场署位于海盐县澉浦镇。场界：东至海沙场界，西至谭仙岭，南至大海，北至运河水塘界	鲍郎场引盐有两个团灶，在南边的团赴掣由甬里堰过坝经通园港、黄道河至榆城，在北边的团赴掣由孙家堰过长川坝，经黄油车、海盐塘至榆城，抵达嘉兴批验所	
			海沙场	场署位于海盐县沙腰村。场界：东至芦沥场，西至鲍郎场，南至大海，北至海盐县民地界	海沙场引盐赴掣由运河经白苧桥、转塘桥抵达嘉兴批验所，其中海盐县的肩贩从东南两门入城，平湖县的肩贩由包家埭至荙山径上船摆渡入城	
			芦沥场	场署位于平湖县东全公亭镇。场界：东至金山县界横浦场，西至乍浦镇，南至海塘，北至新仓镇	芦沥场引盐赴掣由运河至徐家埭抵达嘉兴批验所，其中肩贩在盐场支盐挑销总汇进新仓镇后分销到平治、新仓、新埭、徐家埭、林家埭、韩家庙、周家圩等乡镇	
	松江批验所（在松江府治西南二里娄县，距运司三百五十八里）	上海	横浦场	场署位于松江娄县西仓镇。场界：东至青龙港接浦东场界，西至平湖县，南至海，北至张泾堰接金山县界	横浦场引盐赴掣由运盐河过张堰镇、松隐镇抵达松江批验所	

（续表）

分司名称	批验所名称及位置	今属地市	盐场名称	盐场位置	运盐方式（由场到所）及路径	由所到县
松嘉分司	松江批验所（在松江府治西南二里娄县，距运司三百五十八里）	上海	浦东场	场署位于金山县北仓镇。场界：东至漕泾镇接袁浦场，西至青龙港接横浦场，南至海，北至张泾镇界	浦东场引盐赴掣由厂房水次过金山卫北关城壕，转入运盐河经过六里庵、张堰镇，在汛期出张泾口过松隐镇，抵达松江批验所	松江批验所商盐过去由黄浦江进入东汉港至所，后因东汉港淤塞改入西浦，经旧坝河运往批验所等待掣验，验完后开运行销各个州县
			袁浦场	场署位于华亭县柘林镇。场界：东至青村场，西至浦东场，南至海塘，北至奉贤县界	袁浦场引盐赴掣由南桥河出，从庄行镇、叶谢镇北出黄浦江抵达松江批验所	
			青村场	场署位于奉贤县青村港。场界：东至下沙场界，西至高桥镇界，南至袁浦场，北至下沙场界	青村场引盐赴掣由二三桥、梁店镇到运盐河青村港过望泾，出黄浦江抵达松江批验所	
			下沙头场	场署位于南汇县南二墩。场界：东至海，西至南汇县民田界，南至青村场，北至下沙二三场五团界	下沙头场引盐赴掣由一灶港经奉贤县蔡家桥转入青村港，过南桥出黄浦江抵达松江批验所	

（续表）

分司 名称	批验所名 称及位置	今属 地市	盐场 名称	盐场位置	运盐方式 （由场到所）及路径	由所到县
松嘉 分司	松江批验 所（在松 江府治西 南二里娄 县，距运司 三百五十 八里）	上 海	下沙 二三场	场署位于南汇县北 川沙堡。场界：东 至海，西至黄浦界， 南至四团头场，北 至宝山县界	下沙二三场不产卤水 也不煎盐，距离松所 一百二十里	
			崇明场	场署位于崇明县东。 场界：东至大洋， 西至海接海门厅界， 南至海接宝山县界， 北至海接通州吕四 场界	崇明场在大海中，采用 计丁派引	

两浙盐区部分盐业聚落图表^①

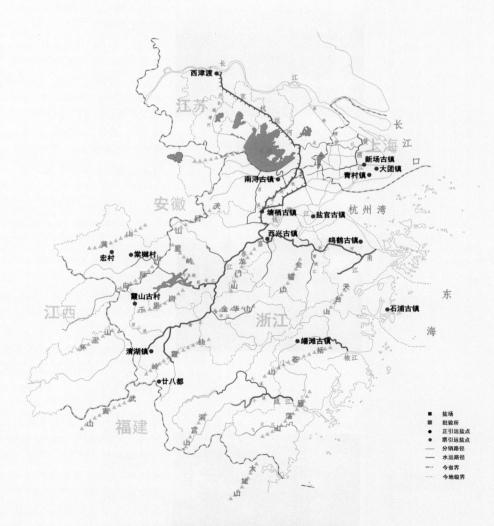

两浙盐区部分调研聚落位置示意图

---

① 本图表仅呈现了笔者团队在两浙盐区所调研的部分有代表性的盐业聚落。

两浙盐区部分盐业聚落表

所属省份	所属市/县	聚落名称	聚落照片	聚落特征描述
江苏	无锡	甘露古镇		无锡自古就形成了"以水不以陆"的交通特点。内河航船曾经是早期米、布等商品交易流通的主要载体。因此，在"水运经济"时代，那些紧靠河道，扼守太湖、运河要冲的集镇，往往是区域经济中心。甘露周边水网密布，船运发达，又处在与邻县交界处，经济发展盛极一时，素有"金甘露，银荡口"之称。明末清初已是苏南盐、粮油、茧丝集散的重要场镇
		惠山古镇		惠山古镇地处无锡市西、锡山与惠山的东北麓，京杭大运河紧靠其北，惠山古镇各行业会所占一定数量，其中的山货公所、要货公所、石作公所、盐业公所、建筑业行会、婺源会馆等，成为古镇亮点。惠山古镇具有水陆两条交通线，水路由京杭大运河支流惠山浜至古镇腹地，陆路离城五里，交通十分便利
	苏州	同里古镇		同里古镇属于江苏省苏州市吴江区，宋代建镇。镇区内始建于明清两代的花园、寺观、宅第众多，元明时同里渐移至南，因镇内三条东西向市河成"川"字形，又名"同川"。因紧邻京杭大运河，明清时期为盐运线路上的一个重要节点

（续表）

所属省份	所属市/县	聚落名称	聚落照片	聚落特征描述
江苏	镇江	西津渡		镇江位于京杭大运河江南运河段的起点，西津渡古街是镇江文物古迹保存最多、最集中、最完好的地区，是镇江历史文化名城的"文脉"所在。至少从三国时期开始，西津渡就是著名的长江渡口。镇江自唐代以来便是盐运重镇和交通咽喉，西津渡则是当时镇江通往江北的唯一渡口
上海	青浦区	青龙镇		青龙镇，上海市早期兴起的集镇之一。位于市境西部青浦区东北境，北滨青龙江。青龙江为古松江（今吴淞江）故道。青龙镇是一个重要的运盐贸易古镇。北宋时华亭市舶司就设在青龙镇。后来青龙镇衰落，原因之一是南宋中期后吴淞江淤塞、改道，海船难以顺吴淞江到达青龙港。"黄浦夺淞"以后吴淞江成为黄浦的支流，但长江入海口仍被叫作吴淞口
	浦东	新场古镇		新场镇位浦东新区南部，地处黄浦江东岸，是一座因盐而兴的古镇。上海东面靠海，是海盐的重要产区，唐代有徐浦下场，宋代有下沙场、浦东场，但因海岸线不断向东推进，元代时另选靠海更近的地方建立盐场，即新场，盐场的建立促使了新场镇的出现与繁荣。到了明朝末年，整个上海煮盐业衰落，新场也开始衰落

（续表）

所属省份	所属市/县	聚落名称	聚落照片	聚落特征描述
上海	浦东	大团镇		大团镇地处黄浦江东，在东海之滨，是由长江携带的淤泥冲积而成，是宋以后重要的产盐场所。明隆庆二年（1568年）该地区盐业兴盛，以"团"为单位划分区界，此地为第一团，俗呼头团。随着大批的灶户在盐场定居，团和灶的这些生产单位也被用作地名沿用下来
	奉贤	青村镇		宋及宋代以前，这里是青墩盐场的主管机构所在地，后因海岸线持续向东推进，青村远离海岸，青村的煮盐业也逐渐衰落
浙江	湖州	南浔古镇		南浔古镇位于湖州市南浔区，地处江苏、浙江两省交界处。南浔靠近京杭大运河，是京杭大运河上的一个重要运输节点。南浔盐商张石铭在江、浙、沪经营盐业，京杭大运河段的扬州、镇江、常州、无锡、苏州、嘉兴、杭州、绍兴、宁波都有张家的盐公堂。张石铭旧居前面是中式，后面是西式，整体风格奇特，规模宏大，有众多精美生动的木雕、砖雕、石雕以及从法国进口的玻璃雕花，它将近代西洋建筑与中式徽派建筑相结合，别具一格

所属省份	所属市/县	聚落名称	聚落照片	聚落特征描述
浙江	杭州	塘栖古镇		塘栖古镇位于杭州市北部，著名的京杭大运河穿镇而过，使其成为苏、沪、嘉、湖的水路要津。塘栖始建于北宋，自元代商贾云集，蔚成大镇，明清时期，盐业贸易十分繁荣，是京杭大运河上一个重要的运盐古镇。明嘉靖九年（1530 年）设立水利通判厅，其主要职能是监管水利、捕盗，明后期多从事查缉私盐
		西兴古镇		西兴古镇西兴老街西端是全长250 多千米的浙东古运河的起点，其途经萧山、绍兴、上虞、余姚、宁波，在镇海城南注入东海。西兴古镇曾经万商云集，士民络绎，市容繁华，南北客商、东西货物都须于此中转，也是一个重要的运盐中转点
	海宁	盐官古镇		盐官古镇东濒钱塘江，南部靠近杭州，是一个重要的产盐、运盐古镇。历史上盐官的盐业生产非常发达，自秦汉时期发端至唐代中期，具有一定规模的盐场有 4 座，宋代前期迅速翻倍。盐官境内盐场达 8 座。至清代中期海宁江岸线被基本固定，沙涂的坍涨被约束在塘外，盐场由于"海失故道"而消失，盐官古镇也衰落下来

所属省份	所属市/县	聚落名称	聚落照片	聚落特征描述
浙江	慈溪	鸣鹤古镇		鸣鹤古镇依托白洋湖水域纵横交错的河道，在以渡船为主要交通工具的古代发展兴盛，宋代就曾在此设鸣鹤场，明代于此设盐课司，成为浙东重要的盐场。明、清、民国时皆为乡建制，新中国成立后改为镇。据记载，古镇之名来源于唐初当地望族虞氏。唐代名臣、大书法家虞世南之孙虞九皋字鸣鹤，青少年时文采出众，颇受乡人推崇，可惜他在中进士后不久即在长安英年早逝，家乡人为纪念他就用"鸣鹤"来命名这里
	象山	石浦古镇		石浦古镇地处浙江中部沿海，象山半岛南端，象山沿海的盐场留下了许多著名的产盐地名。石浦古镇盐仓历史上是制晒、堆盐的所在地，故得以发展
	台州	蟠滩古镇		蟠滩古镇是因运盐而兴的古镇，又是水陆交汇之地，沿灵江、永安溪而行的水路在蟠滩拢岸，通往浙西的苍岭古道也在蟠滩起步，这种连接东南沿海与浙西内陆的优越地理位置，使其在清中期发展至鼎盛。蟠滩古镇颇具规模，主街道呈龙形，鹅卵石铺嵌，弯曲有致，长达2千米，街面石板柜台比比皆是：除水埠头外，镇内还分布着埠头五处，即武义埠、东阳埠、缙云埠、永康埠和公埠。古镇内有大量明清古建筑群，如商铺、民居、书院、祠堂等

（续表）

所属省份	所属市/县	聚落名称	聚落照片	聚落特征描述
浙江	衢州	霞山古村		霞山古村位于钱塘江源头皖浙赣交界处的浙西开化县城北部唐宋古驿道旁，开化县为明清时期一个重要的运盐点，霞山古建筑沿马金溪而筑，明清时期商人即依托马金溪运盐
		廿八都		衢州江山市廿八都古镇地处浙闽交界处仙霞岭山脉的浮盖山下，先时福建、广东沿海一带的海货、食盐、荔枝等因道路阻隔无法运往江浙行销，江浙一带的布匹、绸缎、陶瓷也无法进入福建沿海，自从有了仙霞古道，沿线商贾云集，出现了许多集市村镇。众多移民为廿八都带来了独特的建筑风貌：湘西的木构、徽式的马头墙、浙式的屋脊、赣式的楼檐
		清湖镇		运盐码头清湖镇为浙闽要会，闽行者自此舍舟而陆，浙行者自此舍陆而舟，繁盛胜于县城。古时万商云集，百货星罗，是当年仙霞古道上的一颗明珠，有很多盐运码头在此

（续表）

所属省份	所属市/县	聚落名称	聚落照片	聚落特征描述
安徽	黟县	宏村		宏村乐叙堂是汪氏的宗祠，位于月沼北畔的正中，是村中唯一的明代建筑。承志堂建于清末，是大盐商汪定贵的住宅。它是村中最大的建筑群，砖木结构，内部有房屋60余间，围着9个天井分别布置
	歙县	棠樾村		棠樾村属安徽省黄山市歙县，以牌坊群闻名于世，牌坊群由7座牌坊组成，以忠、孝、节、义的顺序相向排列，建于明代和清代，都是旌表棠樾人"忠孝节义"的。在牌坊群旁还有男女二祠，建筑规模宏大，砖木石雕特别精致，近年已修复如旧。中国牌坊博物馆也在这里筹建。棠樾村鲍氏乃当地望族，历代以经商为生。鲍氏家族在明清时期出过许多大盐商，如鲍漱芳、鲍启运等

参考文献

著作书籍

[01] 赵逵. 历史尘埃下的川盐古道 [M]. 上海：东方出版中心，2016.

[02] 赵逵. 川盐古道——文化线路视野中的聚落与建筑 [M]. 南京：东南大学出版社，2008.

[03] 李晓峰. 乡土建筑 [M]. 北京：中国建筑工业出版社，2005.

[04] 陈志华，李秋香. 中国乡土建筑初探 [M]. 北京：清华大学出版社，2012.

[05] 陆元鼎，杨谷生. 中国民居建筑 [M]. 广州：华南理工大学出版社，2003.

[06] 丁援，宋奕. 中国文化线路遗产 [M]. 上海：东方出版中心，2015.

[07] 郭正忠. 中国盐业史 [M]. 北京：人民出版社，1997.

[08] 延丰. 两浙盐法志 [M]. 杭州：浙江古籍出版社，2012.

[09] 雍振华. 江苏民居 [M]. 北京：中国建筑工业出版社，2009.

[10] 单德启. 安徽民居 [M]. 北京：中国建筑工业出版社，2009.

[11] 单德启. 从传统民居到地区建筑 [M]. 北京：中国建材工业出版社，2004.

[12] 丁俊清，杨新平. 浙江民居 [M]. 北京：中国建筑工业出版社，2009.

[13] 杨国桢. 东溟水土：东南中国的海洋环境与经济开发 [M]. 南昌：江西高校出版社，2003.

[14] 辰阳. 《熬波图》探解 [M]. 南京：东南大学出版社，2019.

[15] 刘森林. 中华民居：传统住宅建筑分析 [M]. 上海：同济大学出版社，2009.

[16] 丁杰. 苏皖古村落建筑与环境比较研究 [M]. 北京：中国环境出版社，2014.

[17] 吉成名. 中国古代食盐产地分布和变迁研究 [M]. 北京：中国书籍出版社，2013.

[18] 孙忠焕. 杭州运河史 [M]. 北京：中国社会科学出版社，2011.

[19] 蒋静一. 中国盐政问题 [M]. 南京：正中书局，1936.

[20] 洪焕椿. 浙江地方志考录 [M]. 北京：科学出版社，1958.

[21] 陈琪. 徽州古道研究 [M]. 芜湖：安徽师范大学出版社，2016.

[22] 李孝聪. 中国区域历史地理 [M]. 北京：北京大学出版社，2004.

[23] 毛佳樑 . 上海传统民居 [M]. 上海：上海人民美术出版社，2005.

[24] 王沪宁 . 当代中国村落家族文化——对中国社会现代化的一项探索 [M]. 上海：
上海人民出版社，1991.

[25] 赵华富 . 徽州宗族研究 [M]. 合肥：安徽大学出版社，2004.

[26] 程大锦 . 建筑：形式、空间和秩序 [M]. 天津：天津大学出版社，2008.

[27] 余英 . 中国东南系建筑区系类型研究 [M]. 北京：中国建筑工业出版社，
2001.

学位论文

[01] 汪喆 . 未来的村落——皖南民居人居环境的承继 [D]. 合肥：合肥工业大学，
2002.

[02] 张夏菲 . 浙江书院现状调查及景观营造研究 [D]. 杭州：浙江大学，2016.

[03] 宿新宝 . 建构思维下的江南传统木构建筑探析 [D]. 南京：东南大学，2009.

[04] 唐丽丽 . 明清徽商与两浙盐业及地方社会研究 [D]. 芜湖：安徽师范大学，
2014.

[05] 吴晓燕 . 晋商与徽商会馆建设装饰风格的差异性研究 [D]. 太原：山西大学，
2012.

[06] 王红伟 .《两浙盐法志》所见盐商研究 [D]. 杭州：浙江工商大学，2018.

[07] 魏亭 . 明清浙江海洋社会研究 [D]. 宁波：宁波大学，2011.

[08] 左巧媛 . 明清时期的苏州会馆研究 [D]. 长春：东北师范大学，2011.

[09] 曹秀文 . 当代江南民居木构建筑构造初探 [D]. 北京：中国美术学院，2016.

[10] 杨伟昊 . 江南传统民居建筑临水处理方式研究 [D]. 无锡：江南大学，2016.

[11] 梁斌 . 江南传统民居环境艺术意境审美研究 [D]. 北京：北京林业大学，2012.

[12] 熊琳 . 中国传统沿水建筑形态初探 [D]. 长沙：湖南大学，2001.

[13] 杨晓莉 . 浙江传统特色的小城镇住居研究 [D]. 杭州：浙江大学，2005.

[14] 方贤峰 . 浙东传统民居建筑形态研究 [D]. 杭州：浙江工业大学，2010.

[15] 方蔚元. 历史街区文化景观保护与传承初探 [D]. 北京：北京林业大学，2006.

[16] 雷晓东. 论地方传统建设行为与聚落街区形态 [D]. 长沙：湖南大学，2006.

[17] 郭鑫. 江浙地区民居建筑设计与营造技术研究 [D]. 重庆：重庆大学，2006.

期刊论文

[01] 钟山艳，贺丹. 探究苏、锡、常传统民居受地域影响的特点 [J]. 大众文艺，2013（12）.

[02] 沈姝君，张杰. 徽派建筑中的木雕文化解析 [J]. 设计，2015（1）.

[03] 孙亚兰. 徽派砖雕在扬州民居建筑装饰中的演变与发展 [J]. 艺术研究，2017（1）.

[04] 仲利强. 历史街区规划对传统生活方式及文化的传承保护 [J]. 中外建筑，2005（4）.

[05] 米满宁，崔骁，张海桐. 徽州传统建筑中的雀替装饰艺术研究 [J]. 民族艺术研究，2014，27（4）.

[06] 梁凡，苏民. 浅谈苏州的沿河民居 [J]. 建筑学报，1982（4）.

[07] 蓝滢. 江南传统民居中的生态思想 [J]. 山西建筑，2006（1）.

[08] 景遐东，江南文化传统的形成及其主要特征 [J]. 浙江师范大学学报：社会科学版，2006（4）.

[09] 邹德侬，刘丛红，赵建波. 中国地域性建筑的成就、局限和前瞻 [J]. 建筑学报，2002（5）.

[10] 高飞，安贵臣. 蟠滩文化与江南社会变迁 [J]. 浙江师范大学学报，2003（4）.

[11] 高飞. 台州区域文化传统特色论 [J]. 社会科学战线，2008（3）.

[12] 刘定坤. 越海民系民居建筑与文化研究 [J]. 新建筑，2002（2）.